기초의 기초
DO IT YOURSELF
02

맨처음 ★ 가방

보그사 **지음** | 브론테살롱 **옮김**

도트북

Contents

A

B

C

A

B

A

B

A

B

C

-- 난이도 보는 방법 (기준) --

challenge 1

1 - 쉬움(초보자에게 추천)
2 - 초급
3 - 중급
4 - 중상급
5 - 상급

숄더백 · 50

만드는 방법 · 51, 53

challenge 2

미니파우치 숄더백 · 54

만드는 방법 · 56

challenge 1

아프리칸 숄더백 · 55

만드는 방법 · 58

challenge 2

**지갑 핸드백 &
카드 지갑 · 60**

만드는 방법 · 61, 77

challenge 3

배낭 A · 64

만드는 방법 · 84

challenge 4

배낭 B · 65

만드는 방법 · 87

challenge 5

배낭용 백in백 · 66

만드는 방법 · 81

challenge 4

비즈니스백 · 67

만드는 방법 · 90

challenge 4

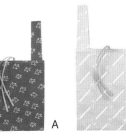

백in백 · 68

만드는 방법 · 69, 71

A -- challenge 2
B -- challenge 3

그래니백 72

만드는 방법 · 74

challenge 2

마르쉐백 73

만드는 방법 · 94

challenge 1

에코백 78

만드는 방법 · 79

challenge 1

가방 만들기 _ 기초 노트

가방을 만들기 전에 알아두면 좋은 천의 종류와 취급 방법, 도구,
재단과 재봉틀의 기본적인 사용법을 알기 쉽게 정리했다.

시작하며

● 각 작품에 난이도(난이도 마크 보는 방법은 p.3 참조)를 표시했다. 개인차가 있으므로 참고만 한다.
● 따로 지정하지 않은 숫자의 단위는 cm이다.
● 완성 사이즈에 손잡이는 포함되어 있지 않다. 가방 몸판 부분의 치수이다.
● 재료에 표기한 치수(천이나 테이프 수)는, 폭×길이를 나타낸다 .
● 마름질에 치수가 적힌 직선 부분은 실물패턴이 따로 없으므로, 천에 직접 선을 그려서 재단하면 된다.

‖ 천 ‖ 디자인에 맞춰서 천을 고를 수 있도록 기본 천과 종류, 취급 방법을 소개한다.

천의 명칭

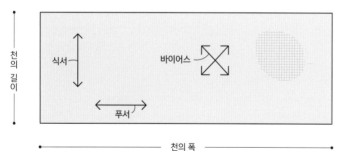

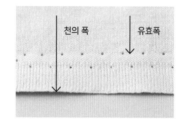

· **식서** : 올이 풀리지 않도록 짠 천의 세로 방향. 식서 방향으로 당기면 천이 잘 늘어나지 않는다. 천의 식
서 방향을 맞추어 옷을 재단해야 변형이 적다. 대부분 옷의 세로 방향을 말한다.
· **푸서** : 올이 풀어지는 천의 가로 방향. 푸서 방향으로 당기면 천이 잘 늘어난다. 천을 자르는 쪽이다.
· **바이어스** : 옷감의 마른 곳이나 박은 곳 따위가 직물의 올의 방향에 대하여 빗금으로 되어 있는 것. 또는
그렇게 마르는 일을 말한다.
· **천의 폭** : 푸서 방향의 치수를 말한다. 천의 폭과 실제 사용할 수 있는 폭은 위의 사진처럼 약간의 차이
가 있는데, 실제로 사용할 수 있는 폭을 유효폭이라고 한다.
· **천의 길이** : 식서 방향의 치수를 말한다. 필요한 천의 길이를 나타낸다.

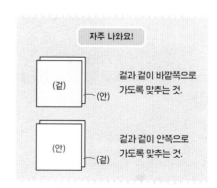

천의 종류

천은 여러 가지 소재, 색깔과 무늬, 촉감의 차이가 있다. 디자인에 맞춰서 마음에 드는 천을 선택하여 사용한다.

● 리넨

아마의 섬유를 원료로 해서 짠 원단. 강도가 있고, 부드러우며, 흡수성도 뛰어나다. 컬러 리넨, 프린트, 자수가 들어간 것 등 종류도 다양하다.

● 론

비단처럼 보들보들하고 광택이 있는 얇은 원단의 평직물. 리버티 프린트의 타나론이 대표적이며, 부드러운 고급 원단. 주름을 잡아주면 폭신폭신하게 마무리할 수 있다.

● 시팅

거칠게 짠 평직 원단으로, 무지나 프린트, 색깔과 무늬도 풍부하다. 가방의 몸통 이외에 안감, 주머니, 바이어스 원단 등 부분적으로 사용하는 것도 좋다.

● 코튼

시팅보다 두껍고 캔버스천보다 약간 얇은, 평직의 원단. 적당한 두께감을 갖고 있어 바느질하기 쉽고 튼튼한 가방을 만들 수 있다.

● 캔버스천

예전부터 배의 돛이나 텐트, 가방에 사용한 평직의 튼튼한 원단. 두께를 호수로 나타내고, 숫자가 작을수록 두껍다. 오래 사용할수록 멋이 나는 소재이다.

● 나일론

탄력성이 있고, 구김이 적고 가벼운 원단. 간단한 오염은 빨리 닦아낼 수 있어서 배낭이나 토트백, 에코백, 가방의 안감으로도 최적이다.

● 라미네이트

표면을 수지로 코팅하거나 시트를 붙여서 가공한 것으로 방수성이 있고, 오염에도 강한 것이 특징이다. 표면에 윤기가 있는 것, 없는 것이 있다.

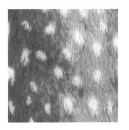

● 페이크퍼

진짜 모피를 본떠서 만든 직물의 일종이다. 진짜에 비해서 가격이 싸고, 관리가 쉽다. 취급 방법은 p.49 참조.

Basics —— bag sewing

● **물세탁**

세탁하면 수축하는 천은 재단 전에 물에 담궈서 수축시킨다.
단, 물빠짐이나 감촉을 해치는 소재는 물에 담그면 안 된다.

면(코튼)·마(리넨)

 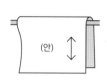 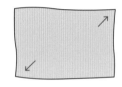 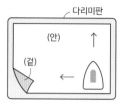

① 물에 천을 하룻밤 푹 담궈둔다.

② 가볍게 짜서 올을 정리 해서 그늘에 말린다.

③ 다 마르기 전에 올이 직 각이 되도록 정리한다.

④ 덜 마른 상태로 올의 방향 에 맞춰 안쪽에서 다림질 한다.

● **천의 결 바로잡기**

가로 방향의 실(씨실)과 세로 방향의 실(날실)의 뒤틀림이 없도록 천을 정리한다.

① 올이 비뚤어진 경우는 씨 실에 맞춰서 재단한다.

② 잡아당겨서 뒤틀림을 바로잡아준다.

③ 올이 직각이 되도록 정 리하면서 다림질한다.

가장자리 부분이 울면

천의 식서 쪽 전체에 가위집을 넣어준 후, 다림질로 올을 정리한다.

● **다리미**

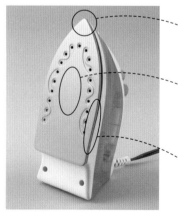

끝
뾰족한 부분으로 누를 수 있기 때문에 미세한 작업 을 할 때에 사용한다.

면
넓은 면적을 다림질 할 때에 사용한다. 천이 늘어나 거나 뒤틀리지 않도록 잡아당기지 말고 눌러주며 다 림질한다.

선
시접이나 주름 등 일부분을 다릴 때 편리하고, 면보 다 더 정확하게 눌러줄 수 있다.

● **다리미 온도**

온도	천의 소재
고 180~210℃	면·마
중 140~160℃	모·견
저 80~120℃	폴리에스테르·나일론

‖ 도구 ‖ 미리 갖춰두면 좋은 도구들이다. 반드시 필요한 것은 아니므로 조금씩 사용하기 편한 것을 사두면 된다.

● 재봉틀

가정용, 직업용, 오버로크 등이 있다. 가방 만들기에는 직선박기 외에 지그재그 미싱을 사용하면 편리하다.

● 재봉실 & 재봉바늘

재봉틀 전용으로 사용한다. 천의 두께나 소재에 맞춰 실과 바늘을 선택한다. 바늘은 재봉틀의 기종에 맞는 것을 사용한다.

● 손바느질용 실 & 바늘

창구멍을 막거나 단추를 달 때 사용한다. 두꺼운 천에는 두꺼운 것, 얇은 천에는 얇은 것을 각각 맞춰서 사용한다.

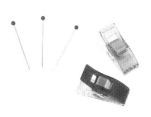

● 시침핀 & 고정클립

여러 겹의 천을 어긋나지 않도록 고정하는 도구. 시침핀 등 바늘구멍이 남는 소재나 두께가 있는 경우에는 임시 고정클립이 편리.

● 재단용 가위

천을 자르기 위한 가위. 종이 등 다른 것을 자르면 사용감이 나빠지므로 천을 자르는 데만 사용하는 것이 좋다.

● 쪽가위

실 자르는 가위. 미세한 부분을 자를 때에도 사용하기 때문에 작업중에 바로 사용할 수 있도록 준비하는 것이 좋다.

● 송곳

재봉틀을 사용할 때 천의 모서리를 빼거나 정리할 때에 사용한다. 갖고 있으면 편리하다.

● 리퍼

재봉틀의 솔기를 풀거나 단추 실 자르기, 단추구멍을 뚫을 때에 사용하는 도구이다.

● 다리미 & 다리미판

손질, 주름 펴기, 모양 잡기, 시접 가르기, 접기 등 깔끔한 마무리를 위해 필요하다.

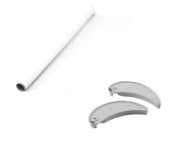

● 하트론지 & 웨이트

하트론지는 얇고 비치는 종이로 패턴지를 베낄 때 사용한다. 웨이트는 패턴지가 어긋나지 않도록 고정하기 위한 도구이다.

● 방안자

치수를 재고, 선을 긋고, 도안을 베낄 때에 사용한다. 모눈이 인쇄되어 있고 뒤가 비치는 것이 편리하다.

● 초크펜

천이나 부자재에 표시를 하기 위한 펜. 자연스럽게 지워지거나, 물로 없어지는 타입이 편하다.

‖ 패턴지와 재단 ‖　실물 패턴지를 사용하거나 천에 직접 선을 그린다. 특별한 표기가 없으면 천에 직접 선을 그린다.

선의 종류와 기호

도안에는 종류가 다른 선이나 여러가지 기호가 있다.

———————	**완성선**	완성을 보여주는 선
— — —	**골선**	반으로 접었을 때 접히는 부분의 선
←———————→	**올 방향**	천의 방향을 표시하는 기호
∿∿∿∿∿	**주름**	주름을 잡아주는 부분을 표시하는 기호

맞춤표시
각 부분을 어긋나지 않도록 맞추기 위한 표시

다트
2개의 선을 겹쳐서 재봉해야 하는 표시

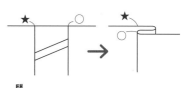

택
사선의 높은 쪽(○)부터 낮은 쪽(★)을 향해 접는 표시

천의 재단

● 실물 패턴지를 사용하는 경우　　실물 패턴지는 하트론지 등에 베껴서 사용한다.

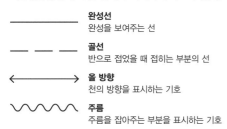

천의 올 방향과 실물 패턴지의 선을 맞춰서 놓는다.

패턴지가 어긋나지 않도록 모서리와 거리가 먼 쪽에 시침핀을 꽂는다.

끝쪽에서 가위를 넣어서 패턴지의 가장자리를 따라서 천을 자른다.

가위의 날은 천에 수직으로 놓고, 아랫날을 바닥에 대고 고정시키면 안정적이고 깔끔하게 재단할 수 있다.

● 직선 마름질의 경우　　천에 직접 선을 그리기 때문에 나중에 지워지는 펜을 쓴다.

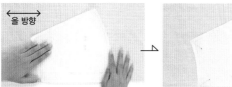

시접을 포함한 치수로 천에 직접 선을 그린다. 사진과 같이 완성선을 그려넣어도 좋다.

가장자리부터 가위를 넣어 선 위를 자른다. 천은 들어올리지 말고 아랫날을 받침대에 붙여 고정시키면서 자른다.

┌─── **무늬 맞추기** ───┐

무늬 맞추기는 마무리를 결정하는 중요한 포인트. 앞뒤 무늬의 방향을 같게 하거나, 실밥 무늬를 맞추면 완성도가 올라간다! 가방 입구를 기준으로 가로선을 맞추고 앞뒤 중심에 동일한 무늬가 오도록 조정한다.

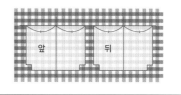

표시하기

완성도 높은 가방을 만들기 위해서 매우 중요하다. 모서리, 중심, 만나는 부분, 다트 등 포인트가 되는 부분에 정확하게 표시한다.

초크펜
물에 지워지는 초크펜이나 자연스럽게 사라지는 타입을 추천. 다트나 주머니에 표시할 때도 편리하다.

놋치
시접에 0.3cm 정도의 가위집을 낸다. 천에 가위를 넣어야 하기 때문에 다트 끝이나 주머니에는 적합하지 않다.

천용 복사지
천 사이에 복사지를 끼워 소프트 룰렛으로 넣고 싶은 선이나 표시를 덧그린다.

‖ 재봉틀 실과 바늘 ‖

재봉틀실

재봉틀 전용실. 천의 두께나 소재에 맞춰서 실의 두께를 선택한다. 30번(두꺼운 천용), 60번(보통 천용), 90번 (얇은 천용)이 자주 사용된다.

재봉틀 바늘

재봉틀 바늘은 끝이 뾰쪽한 쪽에 구멍이 있다. 숫자가 커질수록 바늘은 두꺼워진다. 천의 두께에 맞춰서 두께를 선택한다.

실과 바늘의 관계

천	재봉틀 실	재봉틀 바늘
얇은 천(론, 보일 등)	90번	9~11호
보통 천(브로드, 시팅, 리넨, 코듀로이 등)	60번	11~14호
얇은 천(론, 보일 등)	60~30번	11~16호

(바늘을 교환할 타이밍)

바늘은 쓰다보면 마모되어 바늘 끝이 둥글어진다. 꿰맬 때에 툭툭 소리가 나거나, 바늘 끝을 만져봐서 거칠게 걸릴 때가 교체할 타이밍이다. 재봉틀의 바늘은 소모품이다. 깔끔한 마무리를 위해서 부러지거나 구부러지지 않았어도 교체하는 것이 좋다.

실 상태의 확인

윗실과 밑실의 상태가 맞지 않으면 천이 엉키거나 뒤틀릴 수 있다. 바느질을 시작하기 전에 반드시 테스트 재봉을 하고, 위 아래 실이 고르게 당겨지도록 실 상태를 확인한다.

● 윗실 상태 다이얼 조정

약하게 < ●● 윗실상태 ●● 강하게 <

윗실 조절 다이얼을 돌려서 조정한 후, 다시 시험해보고 실의 상태를 확인한다.

※윗실=빨강, 밑실=검정

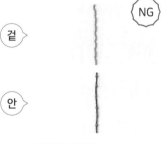

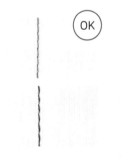

겉 — NG — OK — NG

안

윗실이 약하다
윗실이 약해서 안쪽에 윗실이 띄엄띄엄 보인다. 윗실의 상태를 강하게 해준다.

실 상태가 적당하다
위와 아래이 실이 균등하게 걸려 있어 적당하다.

윗실이 강하다
윗실이 강해서 겉쪽에 밑실이 띄엄띄엄 보인다. 윗실의 상태를 약하게 한다.

천에 맞는 실의 색

기본적으로는 바늘땀이 보이지 않도록 천과 실의 색깔을 맞춘다. 천 위에 견본용 실을 대보고, 가장 가까운 색깔을 선택한다. 스티치를 넣고 싶을 때에는 눈에 띄는 색깔이나 굵은 실을 선택해서 포인트를 주어도 좋다.

349 | 87 | (265) | 317

엷은 색의 경우
딱 맞는 색이 없을 때에는 밝은 색을 선택하면 바늘땀이 눈에 띄지 않는다.

(7) | 340 | 341 | (342) | 254

짙은 색의 경우
딱 맞는 색이 없을 때에는 어두운 색을 선택하면 바늘땀이 눈에 띄지 않는다.

307 | 308 | (218) | 219 | 301

무늬가 있는 경우
무늬에 가장 많이 보이는 색을 선택하면 무늬에 묻혀서 바늘땀이 눈에 띄지 않는다.

‖ 지퍼와 바이어스천 ‖

지퍼

● 지퍼의 부분별 명칭

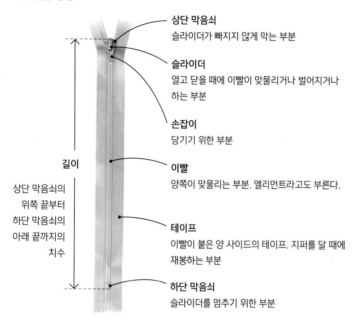

상단 막음쇠
슬라이더가 빠지지 않게 막는 부분

슬라이더
열고 닫을 때에 이빨이 맞물리거나 벌어지거나
하는 부분

손잡이
당기기 위한 부분

이빨
양쪽이 맞물리는 부분. 엘리먼트라고도 부른다.

테이프
이빨이 붙은 양 사이드의 테이프. 지퍼를 달 때에
재봉하는 부분

하단 막음쇠
슬라이더를 멈추기 위한 부분

길이
상단 막음쇠의
위쪽 끝부터
하단 막음쇠의
아래 끝까지의
치수

● 수지 지퍼

이빨 부분이 폴리에스테르나 나일론으로 만들어진 지퍼로,
플랫니트 지퍼나 컨실 지퍼 등 종류가 다양하다. 원하는 길
이에 맞춰서 간단히 가위로 잘라서 사용한다.

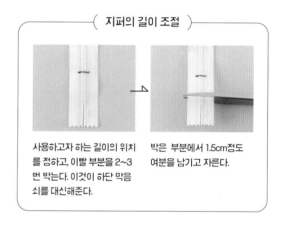

┌─── 지퍼의 길이 조절 ───┐

사용하고자 하는 길이의 위치
를 정하고, 이빨 부분을 2~3
번 박는다. 이것이 하단 막음
쇠를 대신해준다.

박은 부분에서 1.5cm정도
여분을 남기고 자른다.

바이어스천

바이어스천은 올 방향에 비스듬히 선을 그리고, 이 선에 대해 임의의 폭으로 평행하게 선을 그려
서 자른 가늘고 긴 천이다. 천의 올 방향의 45도를 정바이어스라고 한다.

● 바이어스 천의 연결 방법

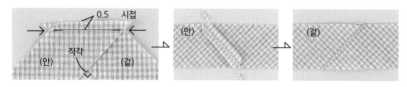

바이어스천을 겉끼리 닿도록 겹쳐놓
고 박는다. 완성선(화살표)을 맞춰서
직각으로 만드는 것이 포인트.

시접은 가르고 여분을 자른다.

바이어스 천이 연결된 모습.

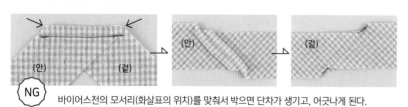

NG 바이어스천의 모서리(화살표의 위치)를 맞춰서 박으면 단차가 생기고, 어긋나게 된다.

● 바이어스테이프 만드는 법

바이어스천의 양 끝을 접어
테이프 모양으로 만든 것을
바이어스테이프라고 한다.

**테이프 메이커를
사용하면 편리!**
└── check

바이어스천의 안을 위로 놓
고 테이프 메이커에 통과시
킨다. 가장자리는 송곳으로
빼낸다.

테이프 메이커의 손잡이를
잡아당기면서 접혀 나온 바
이어스천을 다림질로 눌러
준다.

‖ 접착심 ‖

접착심은 겉에서는 보이지 않지만 천에 탄력을 주거나 늘어남을 방지하고 보강, 형태를 유지하는 등 천을 지탱하는 중요한 역할을 하는 부자재다. 소재나 두께 차이 등 종류가 다양하므로, 목적에 맞춰서 선택한다.

접착심의 종류

접착심은 천의 한쪽 면에 접착제가 붙어 있는 것으로, 천의 안쪽에 접착심의 접착면을 붙여주고, 다림질로 접착시킨다.

● 직물 타입	● 편물 타입	● 부직포 타입	● 접착퀼트지
직물(주로 평직) 타입의 접착심. 강도가 있고 천의 결이나 바이어스를 살린 실루엣을 활용하여 대중적으로 사용하는 접착심이다.	짜임이 있는 타입의 접착심. 신축성이 있다. 부드러운 감촉으로 겉감과 잘 어울린다. 니트 천이나 부드럽게 마무리하고 싶을 때 좋다.	섬유가 서로 얽혀 있기 때문에 올의 특정한 방향은 없다. 가볍고 주름이 잘 가지 않으며 다루기 쉬운 접착심이다. 팽팽하게 마무리할 수 있다.	얇게 편 면 상태의 기포에 접착제가 묻은 것으로 올이 없다. 가볍고 폭신폭신하게 마무리된다.

접착심 붙이는 방법

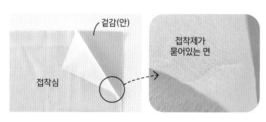 

다림질은 빈틈없이 골고루 눌러준다. 붙지 않고 남는 부분이 없도록 서두르지 말고 꼼꼼하게 누른다.

① 천 뒷면에 접착심의 접착제가 묻은 면(보송보송한 면)을 겹친다. 사이에 실밥이나 먼지가 들어가지 않았는지 확인한다.

② 1의 위에 받침종이(유산지 또는 하트론지)를 얹고 다림질로 붙인다. 다리미는 중간 온도(140~160℃)로 설정하고, 미끄러지지 않도록 한 곳당 10초 정도 체중을 실어 누른다. 접착이 되면 열이 식을 때까지 평평한 상태로 놓아 둔다.

접착퀼트심 붙이는 방법

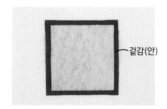   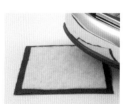

① 겉감의 안쪽에 접착퀼트심의 접착면을 겹쳐 놓는다.

② 다리미의 열 전달을 위해 위아래를 뒤집어 다리미(중간 온도)로 눌러준다. 너무 누르면 솜이 뭉개지므로 주의한다.

③ 접착퀼트심을 붙인 모습. 만약 퀼트심이 뭉개졌다면 뒤에서 스팀을 쏘면 다시 폭신해진다.

‖ 부자재 ‖ 가방이나 주머니 입구에 달아 열고 닫을 수 있게 하는 것, 손잡이나 구멍을 보강하는 것, 장식용 등이 있다.

● 자석단추

자석으로 열고 닫을 수 있는 금속 단추

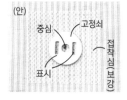

① 먼저 붙이는 위치에 표시한다. 표시와 고정쇠의 중심을 맞추어 놓고, 고정쇠 양쪽 홈에 표시한다.

② 1에서 한 양쪽 표시에 칼집을 낸다.

③ 2의 칼집에 발을 꽂고 고정쇠의 양쪽 홈을 통과시킨다. 발 부분은 펜치로 구부린다.

④ 자석단추가 달린 모습.

● 스프링단추

탈착이 쉬운 단추

① 단추를 달 위치에 송곳으로 구멍을 뚫어 凸1을 끼워 넣고 바닥 몰드를 준비한다.

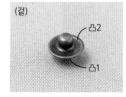

② 凸1의 끝쪽에 凸2를 끼우고 가볍게 눌러 꽂는다.

③ 凸2에 누름쇠를 끼워 망치로 단단히 박는다.

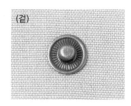

④ 凸 모양의 스프링단추가 달린 모습. 凹1, 凹2도 같은 방법으로 단다.

● 아일렛

구멍을 보강하기 위해 달아주는 링 모양의 금속

① 구멍펀치로 아일렛을 달 위치에 구멍을 뚫는다.

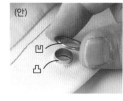

② 겉에서 아일렛의 凸을 꽂고, 안에서 아일렛 凹을 꽂는다.

③ 아래에 바닥몰드를 놓고 위에서 누름쇠를 수직으로 꽂아 망치로 박는다.

④ 아일렛이 달린 모습.

● 양면 징

1쌍의 금속 부품 사이에 천이나 가죽을 끼워 고정하는 금속

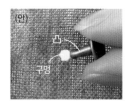

① 징을 달 위치에 펀치나 송곳으로 구멍을 뚫고, 안쪽에서 凸을 꽂는다.

② 겉에서 凹을 凸에 꽂는다.

③ 바닥 몰드에 2를 놓고 누름쇠를 수직으로 세워 망치로 두드린다.

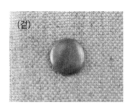

④ 양면징이 달린 모습.

Let's start

내가 원하는 크기와 용도에 맞춰서 만들 수 있다는 것이 가방을 직접 만드는 것의
가장 좋은 점이다. 완성했을 때의 기쁨과 사용하면서 느끼는 즐거움 또한 크다.
이 책에는 가방 만들기 초보자를 위한 간단한 디자인부터 기성품 같은 가방까지
다양한 디자인의 가방 만드는 방법이 담겨 있다.
차근차근 따라하면 초보자도 나만의 가방 하나쯤은 만들 수 있다. 간단한 가방부터
만들고 자신감이 생기면 조금씩 어려운 디자인에 도전해 보자.

토트백 A·B·C

기본적으로 만드는 과정은 같지만,
옆면과 바닥의 모양에 따라 3가지로 만들 수 있다.
두꺼운 캔버스천 8호로 만들기 때문에
한 장으로도 튼튼한 가방이 완성된다.
손잡이나 주머니 등에 다른 천으로 포인트를 주면
더 개성 있는 디자인으로 완성할 수 있다.

Design & Make 시바 나오코

challenge
난이도

1 2 3 4 5

만드는 방법 ▶ p.16

B

A

C

○ 옆면 만드는 방법

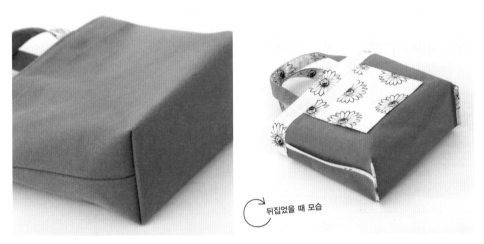

뒤집었을 때 모습

A　가장자리와 바닥 중심을 맞추고, 바닥을 삼각형으로 잡아서 꿰매는 방법이다.

뒤집었을 때 모습

안쪽에 주머니를 만들어주면 사용할 때 훨씬 편리하다.

B　바닥을 주름처럼 접어 꿰매는 방법으로, 삼각형 부분이 밖으로 나오도록 마무리한다.

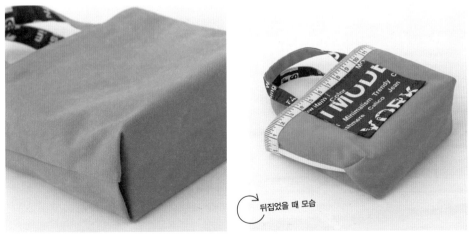

뒤집었을 때 모습

바닥판은 따로 만든다. 모양을 더예쁘게 유지하기 위한 보조적인역할이기 때문에 없어도 된다.

C　바닥을 접어올려 꿰매는 방법으로, 가방을 사용하지 않을 때는 아랫부분을 접어 넣어서납작하게 만들 수 있다.

토트백 A·B·C   완성 모습 ▶ p.14   난이도 ▶ 1

 ··· tote bag

[재료]

A = 8호 캔버스(그린)···50×60cm
　　코튼(꽃무늬)···60×60cm
　　접착심···50×40cm
B = 8호 캔버스(아이보리)···40×60cm
　　깅엄체크 ···60×60cm
　　접착심 ···40×15cm
　　테이프 ···3cm 폭×33cm×2개
C = 8호 캔버스(블루)···50×60cm
　　코튼(영문프린트)···45×60cm
　　접착심···15×40cm
　　헤링본테이프···2cm 폭×21cm×2개
　　테이프···3cm 폭×68cm
A~C 공통 = 양면접착시트···16×28cm
　　　　　 바닥판···22×10cm
　　　　　 MF테이프 5mm 폭 적당량

알아두면 편리해요!
check

MF테이프
(다리미 양면접착테이프)

다림질로 천을 접착할 수 있는
양면접착테이프. 바늘을 통과
시켜도 끈적거리지 않고, 물로
세척을 해도 접착부분이 벗겨
지지 않아 편리하다.

[완성 사이즈]

높이 22×폭 23×바닥 폭 10cm

A~C 공통

바닥판
10 | 1장 | 22

[마름질과 치수]

토트백 A   * ( ) 안은 시접. 지정된 것 이외의 시접은 1cm.
　　　　　　　 * ☐ 안에는 접착심을 붙인다.

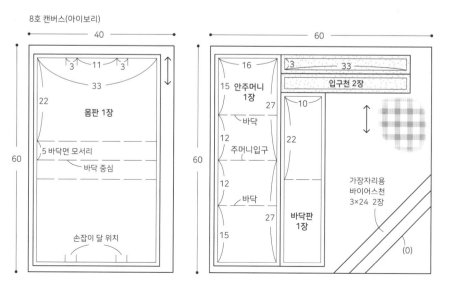

8호 캔버스(그린)
50 / 60
11 / 2.5 / 2.5 / 33 / 22 / 5 / 5 / 23
몸판 1장
바닥 중심
손잡이 달 위치
(2) / 2.5 / 손잡이안감 2장 / 29 / (2)

코튼(꽃무늬)
60 / 60
16 / 3 / 33 / 안 주머니 1장 / 안단 2장 / 15 / 10 / (2) / 바닥 / 22 / 손잡이걸감 2장 / 주머니입구 / 12 / 12 / 바닥 / 27 / 바닥판천 1장 / (2) / 2.5 / 15
29 바닥면모서리 (0) / 바이어스천 3×12 2장
옆 바이어스천 3×24 2장 / (0)

토트백 B

8호 캔버스(아이보리)
40 / 60
3 / 11 / 3 / 33 / 22 / 몸판 1장 / 5 바닥면 모서리 / 바닥 중심 / 손잡이 달 위치

60 / 60
16 / 3 / 33 / 15 안주머니 1장 / 입구천 2장 / 27 / 10 / 바닥 / 22 / 주머니입구 / 12 / 12 / 바닥 / 27 / 바닥판 1장 / 15
가장자리용 바이어스천 3×24 2장 / (0)

토트백 C
＊ ( ) 안은 시접. 지정된 것 이외의 시접은 1cm.
＊ ▭ 안에는 접착심을 붙인다.

8호 캔버스(블루)

├─────── 50 ───────┤

11
2.5   2.5
33
22
몸판 1장

60

5 바닥면 모서리
바닥 중심

(2)
2.5
손잡이겉감 2장
29

손잡이 달 위치

(2)

코튼(영문프린트)

├─────── 45 ───────┤

16
15
안 주머니 1장
27
바닥
12
주머니입구
12
바닥
27
15

10
22
(2)
손잡이안감 2장
29
바닥판천 1장
(2)
2.5

60

※ A를 기본으로 설명하고, B와 C는 변형 부분만 보충 설명하였다.
※ 알아보기 쉽도록 눈에 띄는 실을 사용했다.

1 옆선을 박는다.

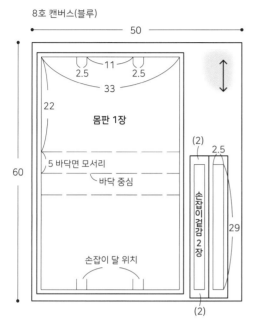
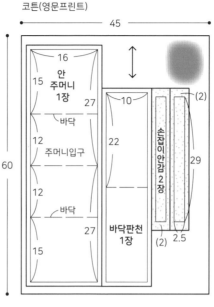

① 몸판을 겉끼리 닿도록 반으로 접고, 양쪽 옆선을 박는다.

② 옆선의 시접에 바이어스천을 겹쳐 박는다.

③ 바이어스천을 겉으로 뒤집는다.

④ 3을 뒤집어 옆선의 시접에 MF테이프를 다리미로 붙인다.

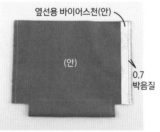

⑤ 바이어스천의 끝부분과 옆선의 끝이 잘 맞게 접고 종이를 벗겨 낸다.

⑥ 옆선의 시접을 바이어스천으로 감싸도록 바이어스천을 다시 접고, 다리미로 붙인다.

⑦ 바이어스천의 끝을 박는다

⑧ 다른 쪽 옆선도 바이어스천으로 마무리한다. 시접은 뒤쪽으로 접는다.

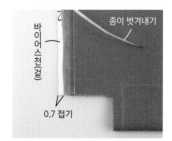

2 바닥을 박는다.

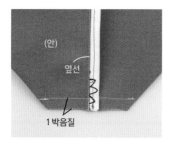

① 몸판 바닥의 가운데와 옆의 박음질선을 맞춰서 접고, 바닥을 박는다.

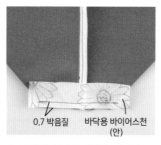

② 바닥의 시접에 바닥용 바이어스천을 겹쳐 박고, 바이어스천을 겉으로 뒤집는다.

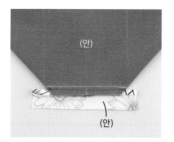

③ 2를 뒤집는다.

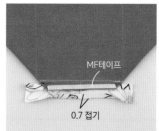

④ 바닥의 시접에 MF테이프를 붙이고, 바이어스천의 가장자리를 몸판의 가장자리와 맞춰서 접는다.

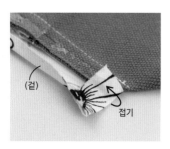

⑤ 종이를 제거하고, 바이어스천의 끝을 접는다.

⑥ 바닥의 시접을 바이어스천으로 감싸면서 접는다. 양 끝은 사진처럼 접어서 다리미로 붙인다.

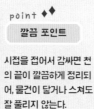

point ◆◆
깔끔 포인트

시접을 접어서 감싸면 천의 끝이 깔끔하게 정리되어, 물건이 닿거나 스쳐도 잘 풀리지 않는다.

⑦ 바이어스천의 가장자리를 박는다. 다른 쪽도 같은 방법으로 바닥을 박고, 겉으로 뒤집는다.

3 주머니를 만든다.

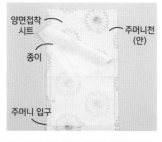

① 주머니의 안감 반에 양면접착시트(16×28cm)를 다리미로 붙이고, 종이를 떼어낸다.

② 주머니를 안감끼리 닿도록 접고, 주머니 입구를 2줄로 박는다.
 * 다리미로 붙이지 않도록 주의한다.

③ 주머니를 사진처럼 접는다.

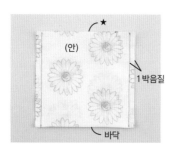

④ 양쪽 끝을 박는다.

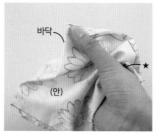

⑤ ★에 손을 넣어 시접을 안쪽에서 손가락으로 잡아준다.

⑥ 시접을 잡은 채로 다른 손으로 겉으로 뒤집는다.

4 입구천을 만든다.

⑦ 모서리는 송곳으로 정리한다.

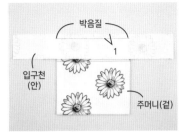

⑧ 다리미로 붙인다.

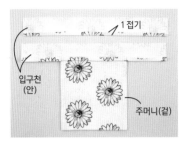

① 안주머니 입구의 한 면과 입구천을 겉끼리 닿도록 맞춰서 박는다. 중심을 맞춘다.

① 1의 시접은 입구천 쪽으로 눕힌다. 또한 장의 입구천의 긴 쪽 시접을 접는다.

5 손잡이를 만든다.

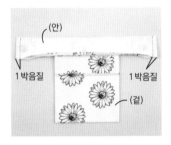

③ 입구천의 접힌 시접을 펴고, 겉끼리 닿도록 맞춰서 양쪽 끝을 박는다. 시접은 주머니가 없는 쪽으로 눕힌다.

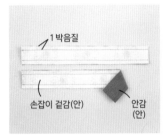

① 손잡이 겉감과 안감을 겉끼리 닿도록 맞추고 긴 쪽을 박는다.

② 시접은 다림질로 가른다.

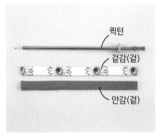

③ 2를 겉으로 뒤집는다. 8호 캔버스천은 두꺼워서 퀵턴을 사용하면 쉽게 뒤집을 수 있다.

6 손잡이와 입구천을 붙인다.

point ♦♦
깔끔 포인트 손잡이의 시접을 많이 넣으면, 손잡이가 튼튼해진다.

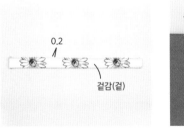

④ 겉쪽에서 긴 쪽을 박는다.

① 몸판에 손잡이를 겉끼리 닿도록 맞추고 시침질한다.

② 몸판 가방 입구에 입구천을 겉끼리 닿도록 맞춘다. 주머니는 뒤쪽에 맞춘다. 옆선의 시접은 서로 다르다.

③ 가방 입구를 쭉 박는다.

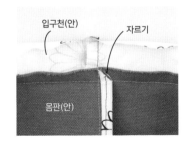

④ 시접을 입구천 쪽으로 눕힌다. 두께를 줄이기 위해 몸판 옆의 시접 끝을 잘라준다.

⑤ 입구천을 안쪽으로 접고, 다림질로 정리한다. 가방 입구를 번호 순서대로 박는다. 몸판 입구 쪽부터 0.5cm 부분을 겉에서 박는다(❶). 안으로 뒤집고, 입구천 끝 0.2cm 부분을 박는다(❷).

Lesson — tote bag

7 바닥판을 만든다.

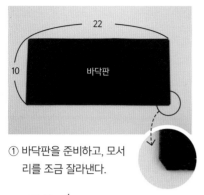

① 바닥판을 준비하고, 모서리를 조금 잘라낸다.

② 바닥판의 천을 겉끼리 닿도록 맞춰서 긴 쪽을 박는다.

③ 겉으로 뒤집어 다림질로 모양을 정리하고, 바닥판을 넣는다.

④ 바닥판을 넣은 입구를 공그르기한다.

\ 완성 /

A

바닥판은 취향대로 넣는다.

겉

안

1 옆선과 바닥을 박는다.

B

B는 바닥을 접어 옆 부분을 박는다. 손잡이는 시판되는 테이프를 사용한다.

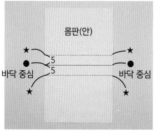

① 몸판의 안에 바닥 중심(●)과 접는 부분(★) 표시를 한다.

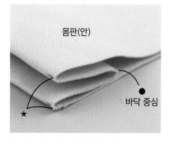

② 사진과 같이 바닥을 접는다.

③ 양 옆을 박는다. 옆 부분의 시접은 17쪽 1-②~⑦를 참조하여 바이어스천으로 마무리한다. 옆면은 18쪽 2-⑤, ⑥을 참조하여 마무리한다.

※이후 과정은 p.18~20의 만드는 법과 같다.

2 내부 주머니를 만든다. → p.18-3 참조

3 입구천을 만든다. → p.19-4 참조

4 손잡이를 만든다. → 시판 테이프를 사용

5 손잡이와 입구천을 붙인다. → p.19-6 참조

6 바닥판을 만든다. → p.20-7 참조

겉

안

C

22

23

10

C는 바닥을 접어올려 꿰맨다. 옆과
입구천은 시판 테이프를 사용하여
처리한다.

겉

안

1 옆선과 바닥을 박는다.

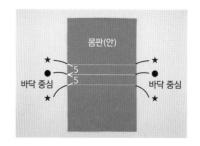

몸판(안)

★　　★
●바닥 중심　　5　　●바닥 중심
★　5　★

① 몸판의 안에 바닥 중심(●)과 접는 부
분(★)을 표시한다.

몸판(안)

바닥 중심

★

② 사진과 같이 바닥을 접어올린다.

1 박음질

(안)

③ 양 옆을 박는다.

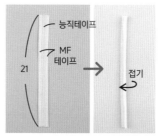

능직테이프

MF
테이프

21

접기

④ 능직테이프의 양끝에 MF테이프를
다리미로 붙인다. 세로로 반을 접고
테이프의 종이는 벗겨낸다.

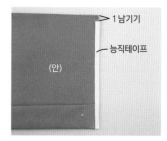

1 남기기

능직테이프

(안)

⑤ 능직테이프로 옆의 시접을 끼우
고, 다리미로 붙인다. 위쪽은
1cm 남긴다.

자르기

0.2
박음질

⑥ 박음질한다.

⑦ 모서리의 시접을
자른다.

2 안주머니를 만든다.

→ p.18-3 참조

3 입구천을 만든다.

3 테이프
1 겹친다
0.2 시침질
안주머니
(겉)

① 시판 테이프를 사용하여 그림과 같이
안주머니를 임시 고정한다. 테이프는
한쪽만 붙이고, 다른 쪽은 골선이다.

1 박음질

테이프
(안)

② 테이프를 고리 모양으로
만들어 박는다. 시접은
몸판 옆의 시접과 반대쪽
으로 눕힌다.

0.5 박음질

③ 시접을 누르기 위해 박는다.

4 손잡이를 만든다.

→ p.19-5 참조

※겉과 안, 천의 사용법이
반대가 된다.

5 손잡이와 안감을 붙인다.

→ p.19-6 참조

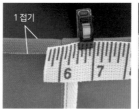

1 접기

(안)

손잡이를 임시 고정하고, 가방 입구는 1cm 안쪽으로 접는다(왼쪽
은 단면 이미지). 가방 입구에 테이프를 겹치고, 테이프의 위, 아래
0.2cm를 박음질한다.

6 바닥판을 만든다.

→ p.20-7 참조

배색 토트백 A·B

14쪽의 토트백 A에 안주머니를 붙인 디자인이다.
겉감은 배색 천을 덧대거나 스티치로 재미를 더했다.
배색 토트백 A는 안주머니 한 개, B는 두 가지 종류의
안주머니를 만들고, 가방 입구에 자석 버튼을 달았다.

Design & Make 시바 나오코

challenge
난이도

1 **2** 3 4 5

만드는 방법 ▶ p.23

A

B

배색 토트백 B의 안쪽에는 패치포켓과 지퍼가 달린 주머니를 달았다. 안주머니
의 개수나 크기는 취향에 따라서 선택하면 된다.

배색 토트백 A·B

완성 모습 ▶ p.22   난이도 ▶ 2

··· tote bag

[재료]

A = 8호 캔버스(진핑크)···80×35cm
　　코튼(무늬 있는 것)···75×60cm
　　접착심···75×40cm
　　양면접착시트···60×20cm
　　메쉬테이프···4cm 폭×33cm×2개
B = 8호 캔버스(블루)···40×25cm
　　8호 캔버스(그레이)···90×35cm
　　코튼(무늬 있는 것)···110×55cm
　　접착심···85×35cm
　　양면접착시트···65×20cm
　　지퍼···20cm×1개
　　자석단추···지름 1.5cm×1쌍
　　25번 자수실···파랑, 회색 적당량
A·B 공통 = 심지···35×25cm
　　　　　MF테이프 5mm 폭 적당량

[완성 사이즈]

높이 22×너비 23×바닥 폭 10cm

[마름질과 치수]

A~B 공통

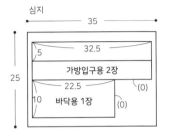

배색 토트백 A

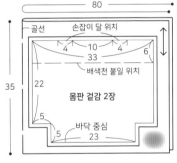

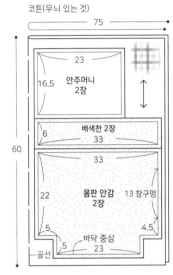

배색 토트백 B

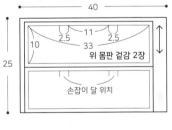

* ( ) 안은 시접. 지정된 것 이외의 시접은 1cm.
* ☐ 안에는 접착심을 붙인다.
* 장식천 a, b는 좋아하는 천으로 선택하면 된다.

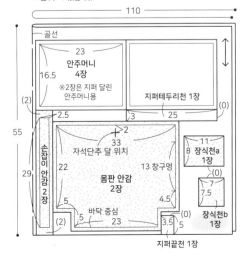

1 몸판 겉감을 만든다.

※ 알아보기 쉽도록 천을 바꾸고, 눈에 띄는 실을 사용했다.

A--

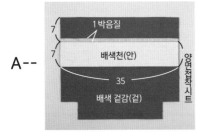

① 접착심을 붙인 배색천의 안에 양면접착시트(35×7cm)를 붙이고, 몸판 겉감과 겉끼리 닿도록 맞춰 박음질한다.

② 종이를 벗겨낸다.

③ 배색천을 접어올리고 다리미로 붙인 다음, 이어지는 부분은 박음질한다. 같은 방법으로 1개 더 만든다.

B--

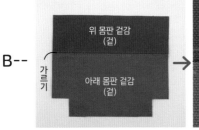
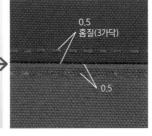
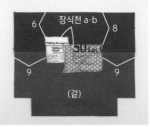

① 위·아래 몸판 겉감을 겉끼리 닿도록 맞추고 박음질한 후, 시접은 가른다. 이어지는 부분의 양쪽에 자수실(3가닥)로 홈질을 한다. 같은 방법으로 1개를 더 만든다.

② 장식천 a·b는 안에 접착심, 양면접착시트 순서로 붙이고, 종이를 벗기고 몸판 겉감 1장에 다리미로 접착하고, 주위를 미싱으로 박음질한다. 장식천은 마음에 드는 곳에 붙여준다.

2 겉감과 바닥을 박는다.

※여기부터 일부를 제외하고 A·B 공통

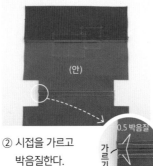
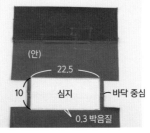

① 몸판 겉감 2장을 겉끼리 맞춰서 바닥을 박음질한다.

② 시접을 가르고 박음질한다.

③ 바닥에 심지를 붙이고, 주위를 박음질한다.

3 겉감의 옆과 바닥을 박는다.

① 몸판 겉감을 겉끼리 닿도록 맞춰, 양쪽 옆을 박음질한다. 시접은 가르기한다.

4 안주머니를 만든다.

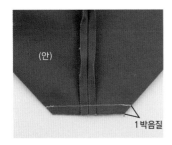
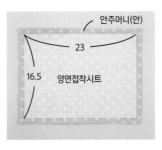
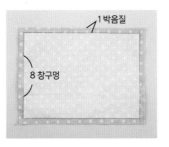

② 옆과 바닥 중심을 잘 맞추고, 바닥을 박음질한다. 시접은 바닥쪽으로 눕히고, 겉으로 뒤집는다.

① 안주머니 1장의 안에 양면접착시트(23×16.5cm)를 붙인다.

② 나머지 1장의 안주머니와 겉끼리 닿도록 놓고, 창구멍을 남기고 주위를 박음질한다.

③ 종이를 벗겨내고, 각 모서리를 잘라준다.

B(지퍼 달린 안주머니)

④ 3을 겉으로 뒤집어서 다리미로
붙이고, 주머니 입구를 박는다.
(A는 여기까지 만들면 끝)

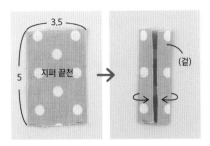

⑤ B는 4-①~④를 참조하여 1개의 안
주머니를 만든다. 단, 주머니 입구의
바느질은 하지 않는다.

⑥ 지퍼 양쪽 끝천을 준비하고, 가운데에 맞춰
양쪽을 접는다.

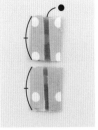

⑦ 6을 이등분한다.

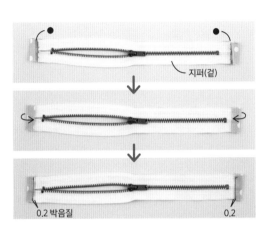

⑧ 지퍼 끝천의 중심(●)과
지퍼 끝을 맞춰준다. 지퍼
의 끝천에 지퍼의 끝쪽을
감싸서 박는다.

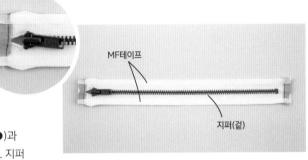

⑨ 지퍼테이프의 끝에 MF테이프를 붙인다.

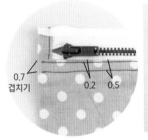

⑩ ⑤의 안주머니에 지퍼를 맞춰서 박는다. 종이(아래쪽)를 벗기고, 안주머니
에 0.7cm를 겹쳐서 다리미로 붙이고, 지퍼용 노루발로 바꿔 박음질한다.

⑪ 종이(위쪽)를 벗기고, 천 끝을 맞추고
지퍼를 감싼 천을 겹쳐서 다리미로 붙인다.

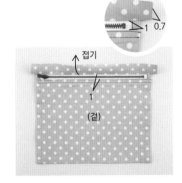

⑫ 지퍼를 감싸는 천을 0.7cm 시접을
두고 접어올린다.

⑬ 안주머니를 안쪽으로 뒤집고, 지퍼
천의 위쪽을 접는다.

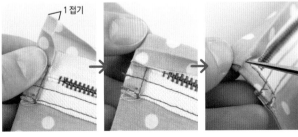

⑭ 지퍼의 위쪽 부분을 천으로 감싸고, 양쪽의 시접을 사진의 순서대로
접는다.

5 몸판 안감을 만든다.

⑮ 지퍼천의 시접을 다림질로 정리한다.

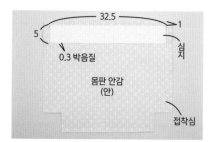

① 몸판 안감의 안 전면에 접착심을 붙이고, 주머니 입구에 심지를 붙여 ㄷ자로 박음질한다. 같은 방법으로 1장을 더 만든다.

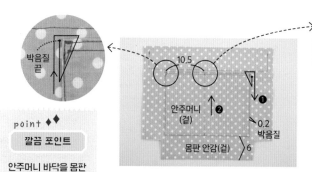

point ◆

깔끔 포인트

안주머니 바닥을 몸판 바닥의 완성 위치에 맞추면, 주머니에 무거운 것을 넣어도 상관없다.

point ◆◆

깔끔 포인트

칸막이는 천의 늘어짐 방지를 위해, 바닥부터 꿰매기 시작한다.

② 몸판 안감 겉에 안주머니를 박음질한다. 각각 중심을 맞춰 바깥쪽을 ㄷ자로 박음질한 후(❶), 칸막이를 꿰맨다(❷).

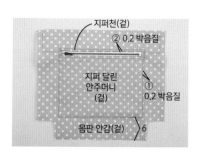

③ B는 또 한 장의 몸판 안감 겉에 지퍼 달린 안주머니를 붙이고, 둘레를 박음질한다. 지퍼천의 아래쪽도 박음질한다.

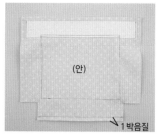

④ 몸판 안감 2장을 겉끼리 닿도록 놓고 바닥을 박음질한다.

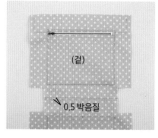

⑤ 시접은 앞쪽으로 눕히고, 재봉틀로 눌러준다.

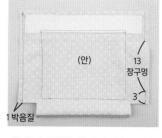

⑥ 몸판 안감을 겉끼리 맞추고, 창구멍을 남기고 양옆을 박음질한다. 시접은 뒤쪽으로 눕힌다.

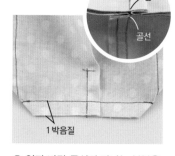

⑦ 옆과 바닥 중심이 만나는 부분을 맞춰서 접고, 바닥을 박음질한다. 바닥과 옆의 시접이 서로 달라지고, 두께도 줄어든다.

6 자석단추를 단다.

⑧ 몸판 안감이 완성된다.

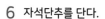

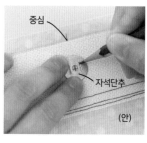

① 자석단추의 위치를 표시하고, 그 표시에 자석단추의 중심을 맞춰서 놓고, 양옆의 구멍(발을 넣는 부분)에 표시한다. 표시된 부분에 가위집을 넣는다.

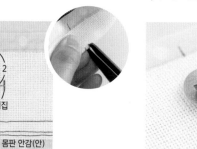

② 겉에서 발을 넣어서 빼고, 자석단추를 끼워준다.

26

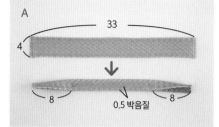

7 손잡이를 만들고, 시침질한다.

③ 발은 펜치를 사용해서 안쪽에서 바깥쪽으로 가볍게 구부린 후, 펜치로 눌러서 한 번에 눕힌다.

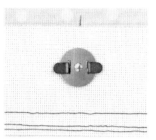

④ 반대쪽 발도 바깥쪽으로 눕힌다. 같은 방법으로 반대쪽 단추도 붙여준다.

A
33
4
8   0.5 박음질   8

① A는 메쉬테이프를 반으로 접어서, 양쪽 끝 8cm를 남기고 박음질한다.

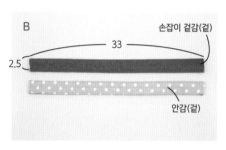

B
33
2.5
손잡이 겉감(겉)
안감(겉)

② B는 p.19-⑤와 마찬가지로 손잡이를 만든다.

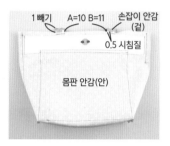

1 빼기   A=10 B=11   손잡이 안감(겉)
0.5 시침질
몸판 안감(안)

③ 몸판 안감에 손잡이를 시침질한다.

8 가방 입구를 박는다.

몸판 겉감(안)
1 박음질
몸판 안감(안)

① 몸판 안감과 몸판 겉감을 겉끼리 닿도록 겹쳐서 넣고, 가방 입구를 박음질한다. 안주머니는 뒤쪽에 오도록 맞춰준다.

※가방 입구를 박을 때에는, 몸판 안감 쪽에서 박는다. 이때 심지를 같이 박지 않도록 한다.

---

9 접어 박는다.

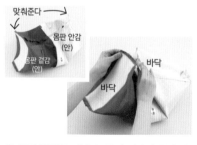

맞춰준다
몸판 안감(안)
몸판 겉감(안)
바닥
바닥

① 몸판 겉감을 빼낸다. 몸판 겉감과 몸판 안감의 바닥 시접을 사진과 같이 맞춘다.

0.5 박음질

② 바닥의 시접을 맞춰서 박음질한다.

맞춰준다
0.5 박음질

③ 또 한쪽의 바닥 시접을 사진과 같이 맞춰서 박음질한다.

---

10 완성한다.

① 창구멍으로 몸판 전체를 빼내고 모양을 정리한다. 창구멍에 손을 넣어 시접을 정리한다.

몸판 안감(겉)
0.5 박음질
몸판 겉감(겉)

② 가방 입구를 박음질한다.

박음질
0.2

③ 창구멍의 시접을 정리하고 박음질한다.

\ 완성 /

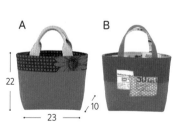

A   B
22
23
10

Lesson — tote bag

사각바닥 토트백

다른 천으로 바닥을 완성한 토트백.
크기가 커서 짐이 많을 때에 편리하다.
주머니도 많아 물건도 잘 정리할 수 있다.

Design & Make 시바 나오코

challenge
난이도
1 **2** 3 4 5

만드는 방법 ▶ p.30

바닥에 두꺼운 접착심을 붙이기 때문에 무거운 물건을 넣어도 형태가 무너지지 않는다.

가방 입구에 자석단추를 붙였다. 2가지 종류의 안주머니는 22쪽의 토트백 B와 같은 방법으로 만들되, 사이즈를 크게 만든다.

둥근바닥 토트백

귀여운 느낌의 원통형 토트백이다.
수납이 편리하며, 아무 때나 쉽게 툭 걸치고
나갈 수 있을 만큼 실용적이다.

Design & Make 시바 나오코

만드는 방법 ▶ p.32

둥근바닥과 몸판은 시접을 적게 하는 것이
포인트! 섬세하게 바느질해야 깔끔하다.

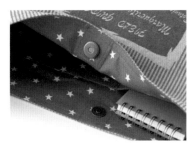

자석단추 부분에 두꺼운 접착심을 붙여 단
단하게 만들어준다.

사각바닥 토트백

완성 모습 ▶ p.28   난이도 ▶ 2

 ··· tote bag

[재료]

마(무늬 있는 것) ···110×70cm
코튼(스트라이프)···110×60cm
코튼(물방울무늬)···110×60cm
8호 캔버스(그레이)···40×20cm
심지···50×25cm
접착심···60×170cm
양면접착시트···80×30cm
면테이프···3cm 폭×120cm×2개
지퍼···30cm×1개
자석단추···지름 1.8cm×1쌍
MF테이프 5mm 폭 적당량

[완성 사이즈]

높이 35×가로 35×세로 14cm

[마름질과 치수]

마(무늬 있는 것)

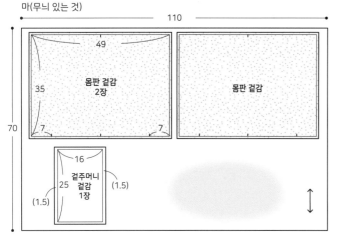

코튼(스트라이프)

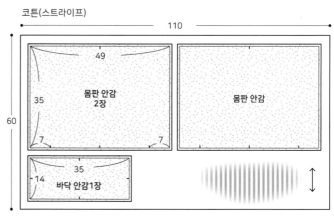

코튼(물방울무늬)

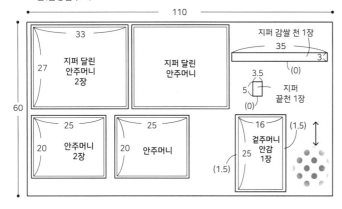

8호 캔버스(그레이)

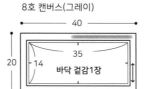

심지

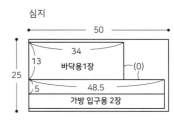

* ( ) 안은 시접. 지정된 것 이외의 시접은 1cm.
* ▭ 안에는 접착심을 붙인다.

1 겉주머니를 만든다.

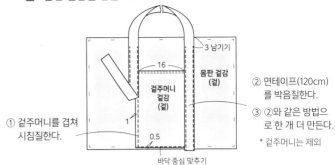

① 양면접착시트를 붙인다.

⑤ 스티치를 넣는다.

겉감
(겉)

② 겉끼리 닿도록 놓고 주머니 입구를 꿰맨다.

겉주머니
안감
(안) 26

겉주머니
겉감
(겉)

0.2
0.5

③ 겉으로 뒤집는다.

④ 다림질로 붙인다.

18

2 몸판 겉감을 만든다.

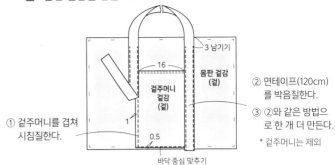

3 남기기

16

몸판 겉감
(겉)

겉주머니
겉감
(겉)

① 겉주머니를 겹쳐 시침질한다.

0.5

1

바닥 중심 맞추기

② 면테이프(120cm)를 박음질한다.

③ ②와 같은 방법으로 한 개 더 만든다.

* 겉주머니는 제외

3 가방 겉을 만든다.

※ 알아보기 쉽도록 눈에 띄는 실을 사용했다.

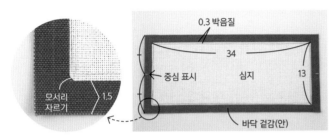

모서리
자르기   1.5

0.3 박음질

34

중심 표시   심지   13

바닥 겉감(안)

① 바닥 겉감 안쪽의 짧은 쪽에 중심을 표시를 한다. 겉감 크기보다 사방 0.5cm 작은 심지를 놓고 둘레를 박는다. 심지의 모서리는 자른다.

1 박음질

몸판 겉감
(안)

7   7

② 심지를 붙인 몸판 겉감의 안에 옆에서 7cm 지점에 표시한다. 2장을 겉끼리 닿도록 맞추어 옆을 박고, 시접은 뒤로 넘긴다.

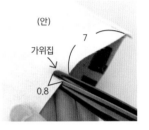

(안)

7

가위집

0.8

③ 표시된 곳에 깊이 0.8cm의 가위집을 넣어준다.

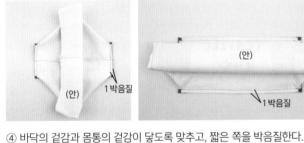

(안)

1 박음질

(안)

1 박음질

(안)

되돌아박기

④ 바닥의 겉감과 몸통의 겉감이 닿도록 맞추고, 짧은 쪽을 박음질한다. 방향을 바꿔 긴 쪽도 박음질한다. 바느질의 시작과 끝은 되돌아박기한다.

point ◆◆
깔끔 포인트
모서리 부분에서 시작하는 것이 박기 편하다.

(겉)

⑤ 겉으로 뒤집는다.

4 안주머니를 만든다. → p.24-4-①~④ 참조

<지퍼 달린 안주머니>

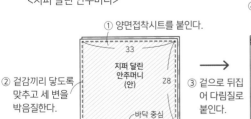

① 양면접착시트를 붙인다.

33

지퍼 달린
안주머니
(안) 28

② 겉감끼리 닿도록 맞추고 세 변을 박음질한다.

바닥 중심

③ 겉으로 뒤집어 다림질로 붙인다.

④ p.25-4-⑤~⑮를 참조하여 지퍼를 단다.

지퍼 달린
안주머니
(겉)

5 몸판 안감을 만든다. → p.26-5-①~③ 참조

※가방 입구의 심지는 48.5×5cm.

※안주머니를 달 위치는 가방 입구에서 8cm.

※지퍼 달린 안주머니는 바닥 중심을 맞춰준다.

6 자석단추를 단다. → p.26-6 참조

※단추의 위치는 위에서 2.5cm.

7 가방 안을 만든다. → p.31-3 참조

※가장자리 시접은 앞쪽으로 눕힌다.

8 완성한다. → p.33-5-③ 참조

① 겉감과 안감의 가방 입구를 접어 맞춘 후, 손잡이를 피해 박음질한다.

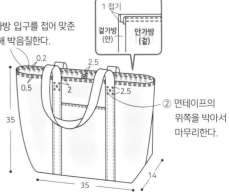

완성

1 접기

겉가방
(안)

안가방
(겉)

0.2   2.5

0.5   2   2.5

35

35   14

② 면테이프의 위쪽을 박아서 마무리한다.

둥근바닥 토트백

완성 모습 ▶ p.29   난이도 ▶ 2

 … tote bag

[재료]

마(무늬 있는 것)…45×60cm
데님…35×55cm
코튼(무늬 있는 것)…90×60cm
심지…25×20cm
접착심…90×80cm
양면접착시트…25×18cm
자석단추…지름 1.6cm×1쌍
MF테이프 5mm 폭 적당량

[완성 사이즈]

높이 25×바닥 지름 20cm

※ 바닥 겉감·안감
   실물 패턴 A - 【k】

* ( ) 안은 시접. 지정된 것 이외
  의 시접은 1cm.
* ▢ 안에는 접착심을 붙인다.

[마름질과 치수]

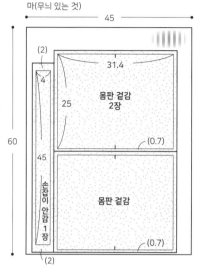

마(무늬 있는 것)

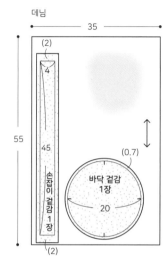

데님

심지

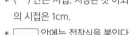

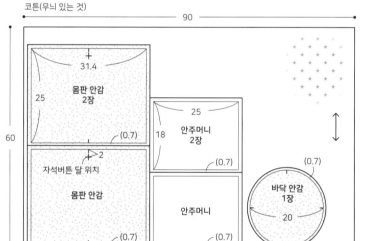

코튼(무늬 있는 것)

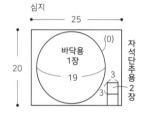

point ◆◆
깔끔 포인트

천이 얇을 때는 전면에
접착심을 붙여서 천에
힘이 생기도록 해준다.

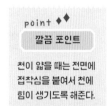

자석버튼 달 위치

---

1 가방 겉을 만든다.

※ 알아보기 쉽도록 눈에 띄는 실을 사용했다.

① 바닥 중심을 표시한다. 2장을
  겉끼리 닿도록 맞추고 옆쪽을
  박음질하고 시접은 가른다.

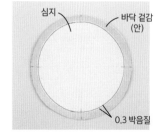

② 바닥 겉감에 4등분 표시를 한다.
  완성 크기보다 0.5cm 작은 심지
  를 놓고 둘레를 박는다.

③ 몸판 겉감과 바닥 겉감을 겉끼리 닿
  도록 하여 시침핀을 꽂는다. 먼저 표
  시된 4곳을 맞추고 시침핀을 꽂는다.
  그 사이에 나머지 시침핀을 꽂는다.

④ 시접 0.7cm를 남기고
  송곳으로 주름이 잡히
  지 않도록 잡아주며
  박음질한다.

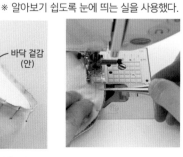

point ◆◆
깔끔 포인트

시접을 얇게 하면
가위집을 넣지 않
고도 박음질할 수
있다.

2 안주머니를 만든다.

→ p.24-4-①~④ 참조,

※ 23×18cm 양면접착시트를 붙여서 만든다.

3 가방의 안을 만든다.

① 몸판 안감 안쪽에 접착심을 붙인다. 자석단추를 달 위치에 심지를 대고 공그르기한다.

안주머니 달기 → p.26-5-② 참조

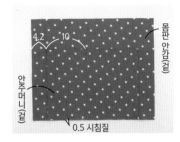

② 몸판 안감 겉쪽에 안주머니 끝을 맞추어 놓고, 양옆과 칸막이를 박음질한다. 바닥쪽은 시침질한다.

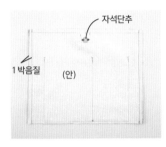

③ 자석단추를 달고(p.26-6 참조) 몸판 안감 2장을 겉끼리 맞춰 옆을 박음질한다. 시접은 뒤로 넘긴다.

④ 바닥 안감에 접착심을 붙이고, 4등분하여 표시한다.

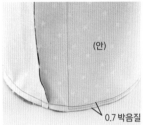

⑤ 몸판 걸감에 바닥 걸감을 붙이고, 겉주머니를 완성한다.

4 손잡이를 만든다.

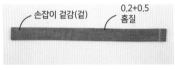

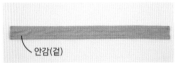

① 손잡이를 만든다(p.19-5 참조). 손잡이 걸감 끝에서 0.2cm와 0.5cm의 위치에 홈질한다.

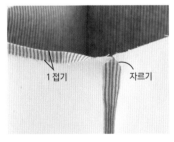

① 몸판 걸감의 옆 위쪽의 시접을 잘라준다. 주머니 입구 둘레에 MF테이프를 붙이고, 접어서 붙인다.

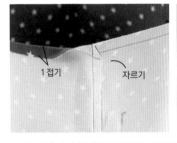

② 몸판 안감의 옆 위쪽의 시접을 잘라준다. 주머니 입구 둘레에 MF테이프를 붙이고, 접어서 붙인다.

⑤ 몸판 안감을 겉끼리 닿도록 맞추고 바닥을 박음질한다.

5 마무리한다.

③ 몸판 걸감과 몸판 안감의 바닥을 맞추고, 시접을 함께 박아준다.

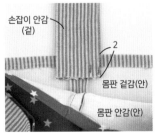

④ 몸판 걸감을 겉으로 뒤집어서 모양을 정리한다. 몸판 걸감의 손잡이를 MF테이프로 고정한다.

⑤ 걸감과 안감을 안끼리 닿도록 맞추고 가방 입구를 박음질한다.

완 성

25
20

지퍼 토트백 A·B

가방 입구에 지퍼를 달면 내용물이 보이지 않아서 좋다.
몸판에는 접착심을, 손잡이와 바닥에 접착퀼트심을 붙여
안정된 모양으로 들고 다니기가 편리한 토트백이다.
A·B의 지퍼 길이는 같지만, 입구천의 길이를
다르게 했다.

Design & Make 오카다 케이코

challenge
난이도
1 **2** 3 4 5

만드는 방법 ▶ p.35, 37

B

A

A는 입구천의 길이가 짧은
타입으로, 양옆이 벌어진다.
지퍼가 필요 없을 때는 입구
천을 가방 안쪽으로 눕혀서
사용할 수 있다.

B는 지퍼가 끝까지 닫히
는 타입으로, 가방 입구
전체가 막혀서 완전하게
닫힌 상태가 된다.

지퍼 토트백 A

완성 모습 ▶ p.34   난이도 ▶ 2

… tote bag

[재료]

마(워시가공/진한노랑)…90×100cm

리넨(네이비)…100×80cm

가죽…5×3.5cm

접착심(단단한 마무리)…60×80cm

접착퀼트심(단면접착 하드타입)…50×40cm

지퍼 5호…40cm×1개

[완성 사이즈]

높이 32×너비 34×바닥 폭 10cm

* ( ) 안은 시접. 지정된 것 이외의 시접은 1cm.
* ▭ 안에는 접착심을 붙인다.
* ▨ 안에는 접착퀼트심을 붙인다.

[마름질과 치수]

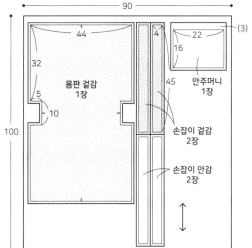

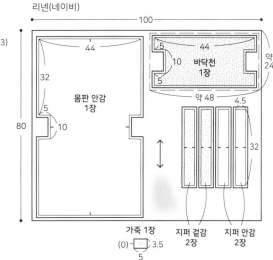

point ◆◆
깔끔 포인트

접착퀼트심을 붙이면 수축되기 쉽기 때문에, 1cm 정도 크게 사각형으로 자르고, 심을 붙인 후 치수대로 자른다.

point ◆◆
깔끔 포인트

슬라이더는 하단막음쇠까지 내려두고, 미싱의 노루발을 지퍼용으로 바꾸고 박음질한다.

---

1 손잡이를 만든다.

2 안주머니를 만든다.

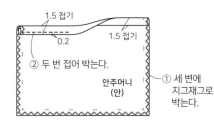

3 지퍼천을 만든다.

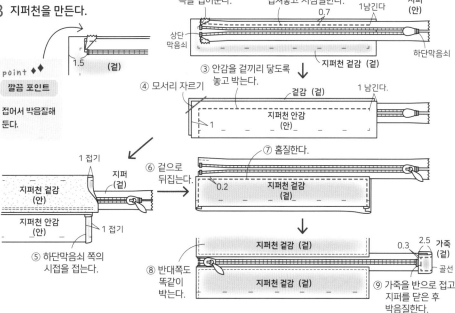

Lesson — tote bag

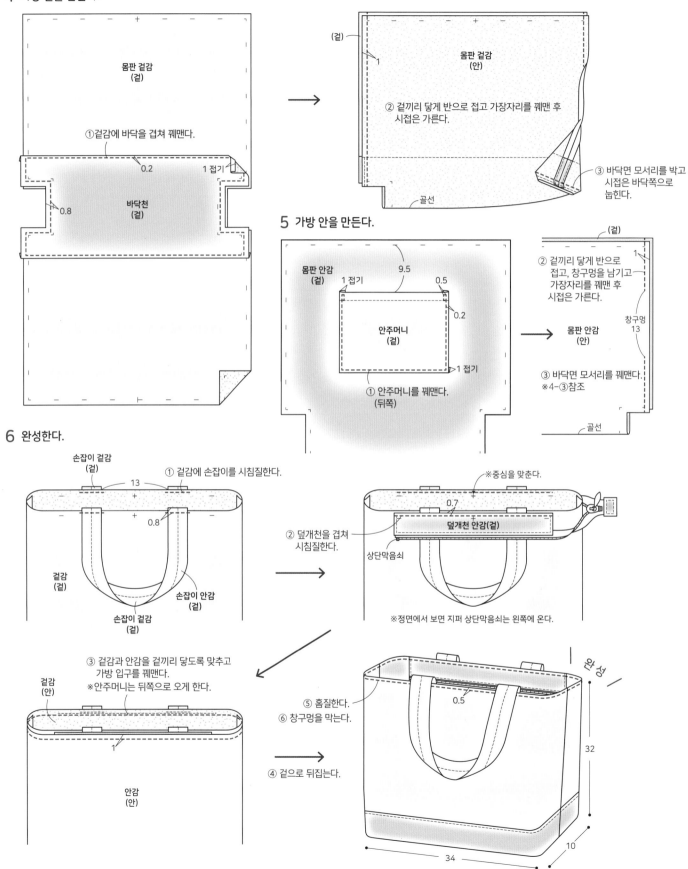

4 가방 겉을 만든다.

몸판 겉감
(겉)

① 겉감에 바닥을 겹쳐 꿰맨다.

0.2

1 접기

0.8

바닥천
(겉)

(겉)

1

몸판 겉감
(안)

② 겉끼리 닿게 반으로 접고 가장자리를 꿰맨 후 시접은 가른다.

③ 바닥면 모서리를 박고 시접은 바닥쪽으로 눕힌다.

골선

5 가방 안을 만든다.

몸판 안감
(겉)

1 접기

9.5

0.5

0.2

안주머니
(겉)

1 접기

① 안주머니를 꿰맨다.
(뒤쪽)

(겉)

1

② 겉끼리 닿게 반으로 접고, 창구멍을 남기고 가장자리를 꿰맨 후 시접은 가른다.

창구멍
13

몸판 안감
(안)

③ 바닥면 모서리를 꿰맨다.
※4-③참조

골선

6 완성한다.

손잡이 겉감
(겉)

① 겉감에 손잡이를 시침질한다.

13

0.8

겉감
(겉)

손잡이 안감
(겉)

손잡이 겉감
(겉)

※중심을 맞춘다.

0.7

덮개천 안감(겉)

② 덮개천을 겹쳐 시침질한다.

상단막음쇠

※정면에서 보면 지퍼 상단막음쇠는 왼쪽에 온다.

겉감
(안)

③ 겉감과 안감을 겉끼리 닿도록 맞추고 가방 입구를 꿰맨다.
※안주머니는 뒤쪽으로 오게 한다.

1

안감
(안)

④ 겉으로 뒤집는다.

⑤ 홈질한다.
⑥ 창구멍을 막는다.

0.5

완성

32

34

10

지퍼 토트백 B

완성 모습 ▶ p.34   난이도 ▶ 2

··· tote bag

[재료]

코튼(스트라이프)···90×100cm

캔버스···100×80cm

접착심(단단한 마무리)···65×80cm

접착퀼트심(단면접착 하드타입)···50×40cm

지퍼 5호···40cm×1개

[완성 사이즈]

높이 32×너비 34×바닥 폭 10cm

＊ ( ) 안은 시접. 지정된 것 이외의 시접은 1cm.

＊ ☐ 안에는 접착심을 붙인다.

＊ ▨ 안에는 접착퀼트심을 붙인다.

[마름질과 치수]

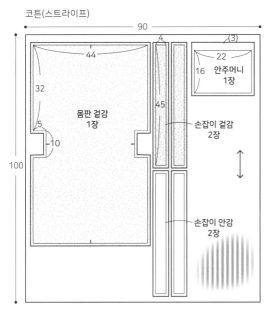

코튼(스트라이프)

90

44

32

5

10

몸판 겉감
1장

(3)

22

16 안주머니
1장

4

45

손잡이 겉감
2장

손잡이 안감
2장

100

캔버스

100

44

32

5

10

몸판 안감
1장

80

5

10

바닥천
1장

약24

약48

4.5

44 42

지퍼천
겉감
2장

지퍼천
안감
2장

point ◆◆

깔끔 포인트

접착퀼트심을 붙이면 수축되기 쉽기 때문에, 1cm 정도 크게 사각형으로 자르고, 심을 붙인 후 치수대로 자른다.

1 손잡이를 만든다.

→ p.35-1 참조

2 안주머니를 만든다.

→ p.35-2 참조

3 지퍼천을 만든다.

① 지퍼의 양옆을 접는다.
※p.35-3 참조

② 겉감에 지퍼를 겹쳐 시침질한다.

0.7

1

상단막음쇠

지퍼
(안)

①

1

하단막음쇠

지퍼천 겉감
(겉)

③ 안감을 겉끼리 닿도록 놓고 박음질하고, 시접은 안감 쪽으로 눕힌다.

1 남긴다.

겉감(겉)

1 남긴다.

지퍼천 안감
(안)

④ 반대쪽도 마찬가지로 박음질한다.

⑤ 겉감·안감이 모두 겉끼리 닿도록 놓고, 옆을 박음질한다.
※지퍼는 열어둔다.

1

안감
(겉)

겉감(겉)

지퍼천 겉감
(안)

지퍼천 안감(안)

＋

⑥겉으로 뒤집는다.

→

4 가방 겉을 만든다.

→ p.36-4 참조

5 가방 안을 만든다.

→ p.36-5 참조

6 완성한다.

→ p.36-6 참조

⑦ 바늘땀을 넣는다.
※하단막음쇠 쪽은 남긴다.

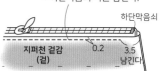

하단막음쇠

지퍼천 겉감
(겉)

0.2

3.5
남긴다

주머니 토트백

심플한 토트백 입구에 주머니를 달아
내용물이 보이지 않고, 실용적이다.
겉감에 무늬가 없는 것을 사용하면
몸통을 1장으로 마름질할 수 있고
바느질하는 부분도 적어 쉽게 만들 수 있다.

Design & Make 아오야마 케이코

challenge
난이도

1 2 3 4 5

만드는 방법 ▶ p.40

주머니를 꽉 조인 모양과
작은 꽃무늬가 어울려 귀
여운 느낌이 난다.

플랩 토트백

큰 패턴의 줄무늬에 단색 천을 사용하여
마린룩을 닮은 토트백이다.
옆면에 사이드 포켓을 더하고
덮개와 잠금장치로 포인트를 주었다.

Design & Make 아오야마 케이코

만드는 방법 ▶ p.42

안감의 물방울무늬와 가방
입구의 리넨테이프를 사용
하여 나만의 취향으로 완
성해 보자.

주머니 토트백   완성 모습 ▶ p.38   난이도 ▶ 2

 ··· tote bag

[재료]

리넨(물방울무늬)···80×60cm
면(작은 꽃무늬) ···75×60cm
접착심···40×60cm
끈 ···지름 0.5cm×90cm×2개

[완성 사이즈]

높이 22×너비 24×바닥 폭 8cm

[마름질과 치수]

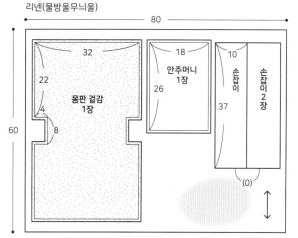

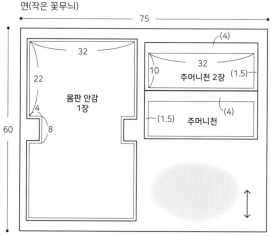

리넨(물방울무늬울)

면(작은 꽃무늬)

point ◆◆
깔끔 포인트

위, 아래 방향이 없는 천을 사용하면, 1장의 천으로 마름질할 수 있으므로 바닥을 꿰매지 않아도 된다.

* ( ) 안은 시접. 지정된 것 이외의 시접은 1cm.
* ▢ 안에는 접착심을 붙인다.

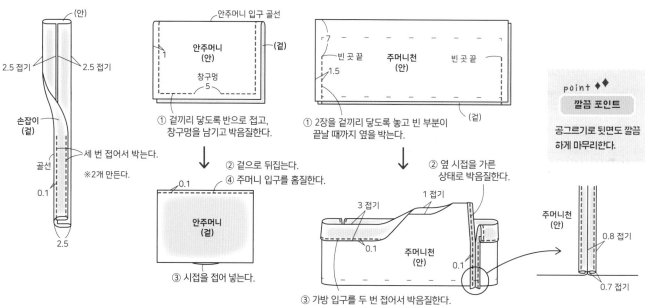

1 손잡이를 만든다.

2 안주머니를 만든다.

① 겉끼리 닿도록 반으로 접고, 창구멍을 남기고 박음질한다.

② 겉으로 뒤집는다.
④ 주머니 입구를 홈질한다.

③ 시접을 접어 넣는다.

3 주머니 부분을 만든다.

① 2장을 겉끼리 닿도록 놓고 빈 부분이 끝날 때까지 옆을 박는다.

② 옆 시접을 가른 상태로 박음질한다.

③ 가방 입구를 두 번 접어서 박음질한다.

point ◆◆
깔끔 포인트

공그르기로 뒷면도 깔끔하게 마무리한다.

4 가방 겉을 만든다.

(겉)

① 겉끼리 닿도록 반으로 접어서
옆을 박음질하고, 시접은 가른다.

몸판 겉감
(안)

1

골선

몸판 겉감
(안)

1

② 바닥의 옆을 꿰매고, 시접은 바닥 쪽으로 눕힌다.

5 가방 안을 만든다.

5

※모서리는 삼각형으로
박음질한다.

0.5

0.7

안주머니
(겉)

0.1

① 안주머니를 박는다.
(뒤쪽)

몸판 안감
(겉)

(겉)

1

② 겉끼리 닿도록 맞춰 반으로 접고,
창구멍을 남기고 옆을 박는다.

창구멍
12

몸판 안감
(안)

골선

1

③ 바닥의 옆을 꿰매고,
시접은 바닥 쪽으로 눕힌다.

6 완성한다.

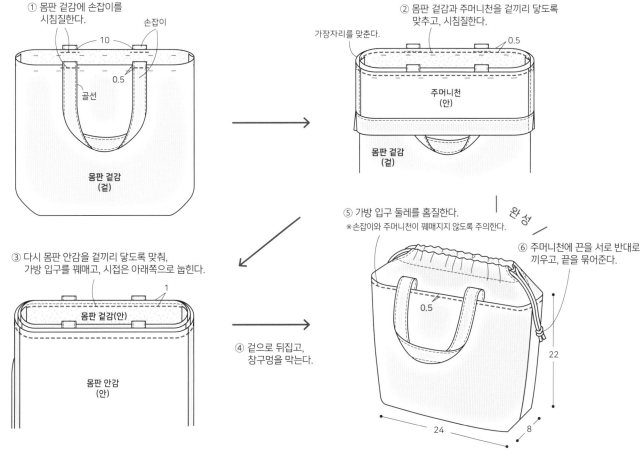

① 몸판 겉감에 손잡이를
시침질한다.

손잡이

10

0.5

골선

몸판 겉감
(겉)

② 몸판 겉감과 주머니천을 겉끼리 닿도록
맞추고, 시침질한다.

가장자리를 맞춘다.

0.5

주머니천
(안)

몸판 겉감
(겉)

③ 다시 몸판 안감을 겉끼리 닿도록 맞춰,
가방 입구를 꿰매고, 시접은 아래쪽으로 눕힌다.

1

몸판 겉감(안)

몸판 안감
(안)

④ 겉으로 뒤집고,
창구멍을 막는다.

⑤ 가방 입구 둘레를 홈질한다.
※손잡이와 주머니천이 꿰매지지 않도록 주의한다.

완성

⑥ 주머니천에 끈을 서로 반대로
끼우고, 끝을 묶어준다.

0.5

22

24

8

플랩 토트백

완성 모습 ▶ p.39   난이도 ▶ 3

 ··· tote bag

[재료]

트윌(스트라이프)···100×25cm
리넨(인디고)···100×55cm
마(물방울무늬)···45×45cm
접착심···90×65cm
접착퀼트심···20×25cm
리넨테이프···2.5cm폭×20cm
잠금장치···1쌍

[완성 사이즈]

높이 19×너비 28×바닥 폭 10cm

※ 겉주머니, 덮개의 겉감·안감
   실물 패턴 A - 【a】

[마름질과 치수]

트윌(스트라이프)

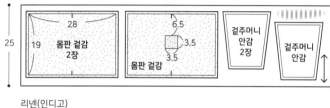

- 100
- 25
- 28
- 19 / 몸판 겉감 2장
- 6.5
- 3.5
- 3.5 / 몸판 겉감
- 겉주머니 안감 2장
- 겉주머니 안감

마(물방울무늬)

- 45
- 38
- 14
- 5
- 10
- 45 / 몸판 안감 1장

리넨(인디고)

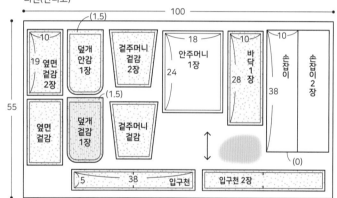

- 100
- 55
- 10
- 19 / 옆면 겉감 2장
- (1.5) / 덮개 안감 1장
- 겉주머니 겉감 2장
- 18 / 안주머니 1장
- 24
- 10 / 바닥 1장
- 28
- 10 / 손잡이
- 손잡이 2장
- 38
- 옆면 겉감
- (1.5) / 덮개 겉감 1장
- 겉주머니 겉감
- (0)
- 5 / 38 / 입구천
- 입구천 2장

* ( ) 안은 시접. 지정된 것 이외의 시접은 1cm.
* ▢ 안에는 접착심을 붙인다.
* ▢ 안에는 접착퀼트심을 붙인다.

1 손잡이를 만든다.

- (안)
- 2.5 접기
- 2.5 접기
- 손잡이 (겉)
- 골선
- 0.1
- 2.5
- 세 번 접어 꿰맨다.
- ※2개 만들기

2 겉주머니를 만든다.

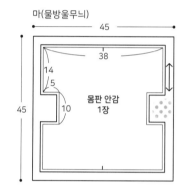

- 겉감(겉)
- ① 겉끼리 닿도록 놓고 꿰맨다.
- 1
- 겉주머니 안감 (안)
- ② 겉으로 뒤집는다.
- 0.1 접혀 나온다.
- 0.5
- 겉주머니 겉감 (겉)
- ③ 주머니 입구를 홈질한다.
- ※2개 만들기

3 안주머니를 만든다.

- 주머니 입구 골선
- 1
- 안주머니 (안)
- 창구멍 5
- (겉)
- ① 겉끼리 닿도록 반으로 접어 창구멍을 남기고 꿰맨다.
- ② 겉으로 뒤집는다.
- 주머니 입구 골선
- 0.1
- 1 접기
- 안주머니 (겉)
- ④ 리넨테이프를 겹쳐서 꿰맨다.
- ③ 시접을 접어 넣는다.

4 덮개를 만든다.

- 안감 (겉)
- 1
- 덮개 겉감 (안)
- ① 겉끼리 닿도록 놓고 꿰맨다.
- ② 곡선에 가위집을 넣는다.
- ③ 겉으로 뒤집는다.
- 0.7
- 덮개 겉감 (겉)
- ④ 홈질한다.

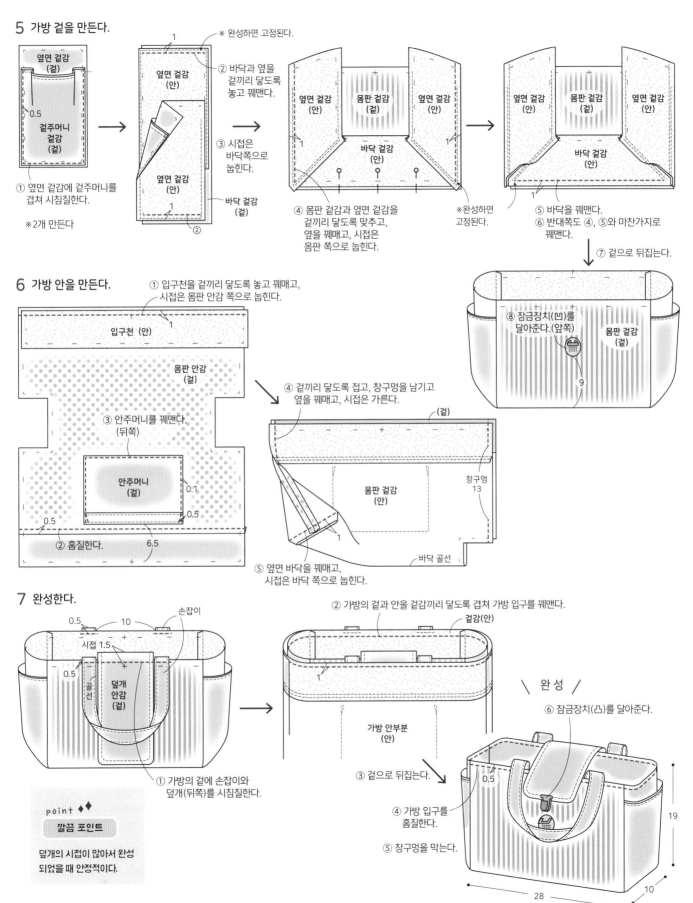

5 가방 겉을 만든다.

옆면 겉감 (겉)
0.5
겉주머니 겉감 (겉)
① 옆면 겉감에 겉주머니를 겹쳐 시침질한다.
※2개 만든다

1
옆면 겉감 (안)
옆면 겉감 (안)
1
②
바닥 겉감 (겉)
※ 완성하면 고정된다.
② 바닥과 옆을 겉끼리 닿도록 놓고 꿰맨다.
③ 시접은 바닥쪽으로 눕힌다.

옆면 겉감 (안)
몸판 겉감 (겉)
옆면 겉감 (안)
1
1
바닥 겉감 (안)
④ 몸판 겉감과 옆면 겉감을 겉끼리 닿도록 맞추고, 옆을 꿰매고, 시접은 몸판 쪽으로 눕힌다.
※완성하면 고정된다.

옆면 겉감 (안)
몸판 겉감 (겉)
옆면 겉감 (안)
1
바닥 겉감 (안)
⑤ 바닥을 꿰맨다.
⑥ 반대쪽도 ④, ⑤와 마찬가지로 꿰맨다.
⑦ 겉으로 뒤집는다.

⑧ 잠금장치(凹)를 달아준다.(앞쪽)
몸판 겉감 (겉)
9

6 가방 안을 만든다.

① 입구천을 겉끼리 닿도록 놓고 꿰매고, 시접은 몸판 안감 쪽으로 눕힌다.

입구천 (안)
1
몸판 안감 (겉)
③ 안주머니를 꿰맨다 (뒤쪽)
안주머니 (겉)
0.1
0.5
0.5
② 홈질한다.
6.5

④ 겉끼리 닿도록 접고, 창구멍을 남기고 옆을 꿰매고, 시접은 가른다.
(겉)
몸판 겉감 (안)
창구멍 13
1
⑤ 옆면 바닥을 꿰매고, 시접은 바닥 쪽으로 눕힌다.
바닥 골선

7 완성한다.

0.5
10
손잡이
시접 1.5
0.5
골선
덮개 안감 (겉)
① 가방의 겉에 손잡이와 덮개(뒤쪽)를 시침질한다.

point ◆◆
깔끔 포인트
덮개의 시접이 많아서 완성되었을 때 안정적이다.

② 가방의 겉과 안을 겉감끼리 닿도록 겹쳐 가방 입구를 꿰맨다.
겉감(안)
1
가방 안부분 (안)
③ 겉으로 뒤집는다.
④ 가방 입구를 홈질한다.
⑤ 창구멍을 막는다.

＼ 완 성 ／
⑥ 잠금장치(凸)를 달아준다.
0.5
19
28
10

심플 토트백 A·B·C

직선박기로만 완성할 수 있는 심플한 가방.
안감을 넣는 방법도 매우 간단하다.
라벨을 붙이거나, 천을 바꾸면
내가 원하는 느낌의 가방으로 완성할 수 있다.
A가 기본, B는 라미네이트,
C는 페이크퍼로 만들었다.

Design & Make 스기노 미오코

challenge
난이도

1 2 3 4 5

만드는 방법 ▶ p.46

A

B

C

심플 토트백 A·B·C

완성 모습 ▶ p.44, 45 　 난이도 ▶ 1

  ··· tote bag

[재료]

A = 코튼(무늬 있는 것)···60×35cm
　　라벨···1장
B = 라미네이트···60×35cm
　　라벨···1장
C = 페이크퍼···60×35cm
A~C 공통 = 코튼 리넨 무지···40×70cm

[완성 사이즈]

높이 31×너비 24cm

[마름질과 치수]

A=코튼(무늬 있는 것)
B = 라미네이트
C = 페이크퍼

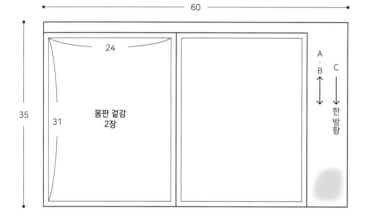

코튼 리넨 무지

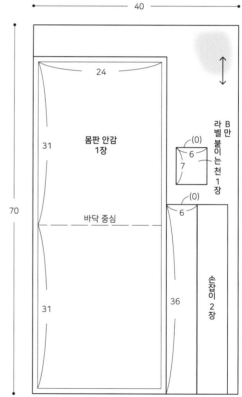

* (　) 안은 시접. 지정된 것 이외의 시접은 1cm.
* C는 한 방향(털의 방향)으로 자른다.

| 미리 준비 | 라벨을 준비한다. |

A용   B용

6
7
라벨을
붙일 천
(겉)

(안)
0.5 접기

(겉)
0.2 박음질
Go by bicycle
Life is like
a long journey.

① 취향대로 시판되는 라벨을 준비한다.

② B는 라벨을 달 천을 준비한다.

③ 시접 0.5cm를 접는다.

④ 라벨을 달 천을 겉으로 뒤집고, 라벨을 겹쳐서 둘레를 박음질한다.

1 손잡이를 만든다.

※A~C의 시접 방향은 공통   ※B와 C의 포인트 해설은 49쪽 참조

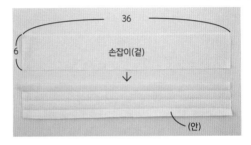

36
6
손잡이(겉)
↓
(안)

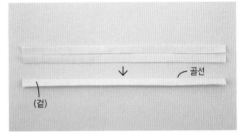

↓
골선
(겉)

① 6×36cm의 손잡이 2장을 잘라 3번 접어서 모양을 만들어 둔다.

② 긴 변의 양끝을 중심으로 접힌 선을 향해 접고, 다시 반으로 접어준다.

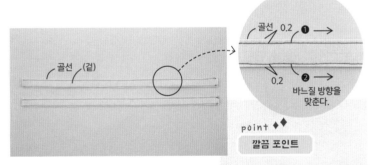

골선 (겉)
골선 0.2 ❶ →
0.2 ❷
바느질 방향을 맞춘다.

point ◆◆
깔끔 포인트

③ 손잡이는 번호 순대로 박아서 2개를 만든다.

스티치가 평행으로 2개 이상 생길 때는 꿰매는 방향을 같게 해주면 실밥과 실밥 사이에 구김이 가지 않고 깔끔하게 마무리된다.

2 라벨을 꿰매고, 손잡이를 임시 고정한다.

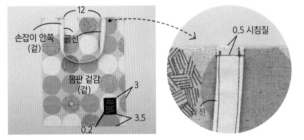

12
손잡이 안쪽
(겉) 골선
몸판 겉감
(겉)
3
3.5
0.2
0.5 시침질
골선

A와 B는 라벨(라벨의 바탕천)을 오른쪽 하단 지정된 위치에 맞춰서 주위를 0.2cm로 박음질한다. 손잡이는 골선이 안쪽에 오도록 해서 가방에 임시 고정한다. 또 한 장도 마찬가지로 손잡이를 붙여준다.
※ 라벨은 몸판 겉감의 안쪽에 붙인다.

3 주머니 입구를 박음질한다.

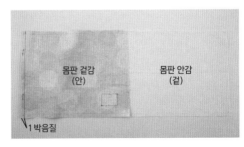

몸판 겉감
(안)
몸판 안감
(겉)
1 박음질

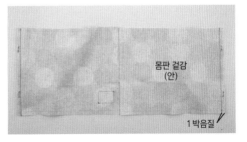

몸판 겉감
(안)
몸판 안감
(겉)
1 박음질

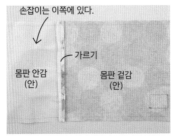

손잡이는 이쪽에 있다.
가르기
몸판 안감
(안)
몸판 겉감
(안)

① 몸판 겉감과 안감을 겉끼리 닿도록 하여 주머니 입구를 박음질한다.

② ①과 마찬가지로 이제 한쪽 주머니도 박음질한다.

③ 시접을 가른다.

4 양옆과 바닥을 박고, 겉으로 뒤집는다.

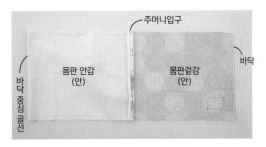

① 몸판 겉감·안감의 주머니 입구가 중앙에 오도록 하고, 겉끼리 닿도록 다시 접는다.

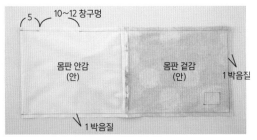

② 몸판 안감 쪽에 창구멍을 남기고, 양옆과 몸판 겉감의 바닥을 박음질한다.

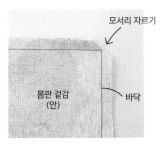

③ 몸판 겉감의 바닥 쪽의 모서리 시접을 자른다. 박음질 실이 잘리지 않도록 주의한다.

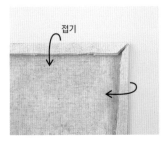

④ 시접을 한쪽으로 눕힌다. 몸판 안감도 옆의 시접을 접는다.

⑤ 창구멍으로 겉으로 뒤집는다. 모서리는 끝이 둥근 젓가락이나 코바늘 등으로 꺼낸다.

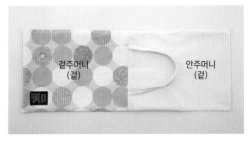

⑥ 다림질로 형태를 정리한다. 겉주머니와 안주머니가 만들어졌다.

5 완성한다.

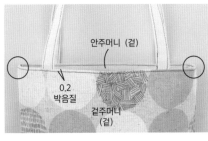

① 겉주머니에 안주머니를 넣고, 주머니 입구를 박음질한다. 시접이 겹쳐지는 부분(둘레 부분)은 박기 전에 창구멍에 손가락을 넣어 정리한다.

② 창구멍을 공그르기로 막아준다.

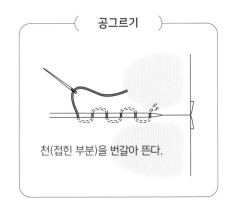

공그르기

천(접힌 부분)을 번갈아 뜬다.

완성

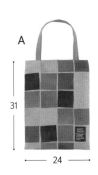

A

31

24

B

C

원 포인트 레슨

특수소재(라미네이트와 페이크퍼)의 취급 방법

라미네이트

심플 토트백 B에서 사용

〈시침클립〉

시침구멍이 남는 라미네이트에는 시침클립이 편리하다. 시접이나 주름을 잡아줄 때 사용한다. 시침클립은 합성피혁이나 두꺼운 천처럼 시침핀을 사용할 수 없는 천에도 좋다.

〈바느질〉

종이

테프론 노루발

라미네이트는 잘 미끄러지지 않아서 재봉틀 사용이 힘든 경우가 있다. 그럴 때는 테프론노루발로 바꾸거나, 가늘고 길게 자른 하트론지 또는 트레이싱페이퍼를 미끄러지지 않는 면의 위쪽(또는 아래)에 덧대어 박으면 된다.

페이크퍼

심플 토트백 C에서 사용

〈재단〉

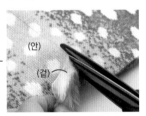

(안)

(겉)

천 재단용 가위를 사용하여 천을 약간 바닥에서 띄워주고 천을 자른다. 털이 잘리지 않게 가위의 끝을 조금씩 움직이는 것이 포인트.

〈박음질〉

재봉실은 60호, 재봉바늘은 11호로, 바느질은 약간 큼직하게 한다.

〈정리하기〉

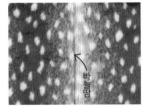

바늘땀

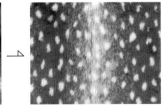

① 겉쪽에서 바늘땀에 들어간 털을 송곳으로 당겨서 빼주면 바늘땀이 눈에 띄지 않게 된다.

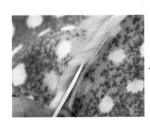

잘라낸 털

② 안으로 뒤집어 시접 부분의 털을 잘라준다. 시접이 깨끗하게 정리된다.

숄더백 A·B

숄더 타입의 가방은 양손이 자유로워서
여행이나 잠깐의 외출에 아주 유용하다.
A는 칸막이를 이용해 주머니를 만들고,
가방 입구에 자석단추를 달아 기능성을 살렸다.
B는 단추로 포인트를 주었다.

Design & Make 아오야마 케이코

challenge
난이도
1 **2** 3 4 5

만드는 방법 ▶ p.51, 53

가방의 뒷모습. A는 앞쪽에, B는 뒤
쪽에 주머니를 달았다.

A

B

숄더백 A   완성 모습 ▶ p.50   난이도 ▶ 2   ··· shoulder bag

[재료]

리넨 小(체크무늬)···60×40cm
리넨 大(체크무늬)···40×140cm
리넨(네이비)···60×40cm
코튼(물방울무늬)···70×30cm
접착심···70×60cm
접착퀼트심···10×5cm
티롤테이프···1.5cm폭×45cm

왈자조리개·사각링···지름 3cm×각 1쌍
자석단추···지름 1.8cm×1쌍

[완성 사이즈]

높이 30×너비 24×바닥 폭 6cm

[마름질과 치수]

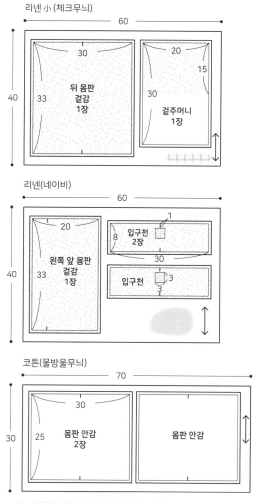

리넨 小 (체크무늬)
- 뒤 몸판 겉감 1장 (30 × 33)
- 겉주머니 1장 (20 × 30, 15)
- 60, 40

리넨(네이비)
- 왼쪽 앞 몸판 겉감 1장 (20 × 33)
- 입구천 2장 (8 × 30, 1)
- 입구천 (3)
- 60, 40

코튼(물방울무늬)
- 몸판 안감 2장 (30 × 25)
- 몸판 안감
- 70, 30

리넨 大 (체크무늬)
- 오른쪽 어깨끈 1장 (12)
- 안주머니 1장 (18 × 26)
- 왼쪽 어깨끈 1장 (12 × 33) (0)
- 오른쪽 앞 몸판 겉감 1장 (10 × 33) (0)
- 40, 140, 140

* ( ) 안은 시접. 지정된 것 이외의 시접은 1cm.
* ░░░ 안에는 접착심을 붙인다.
* ▨▨ 안에는 접착퀼트심을 붙인다.

1 어깨끈을 만든다.

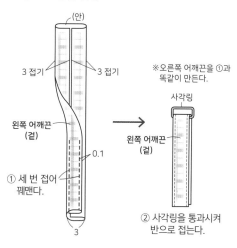

(안)
3 접기   3 접기
왼쪽 어깨끈 (겉)
① 세 번 접어 꿰맨다.
0.1
3

※오른쪽 어깨끈을 ①과 똑같이 만든다.

사각링
왼쪽 어깨끈 (겉)
② 사각링을 통과시켜 반으로 접는다.

2 겉주머니를 만든다.

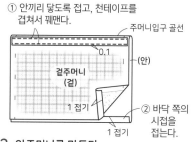

① 안끼리 닿도록 접고, 천테이프를 겹쳐서 꿰맨다.
주머니입구 골선
0.1
(안)
겉주머니 (겉)
1 접기
② 바닥 쪽의 시접을 접는다.
1 접기

3 안주머니를 만든다.

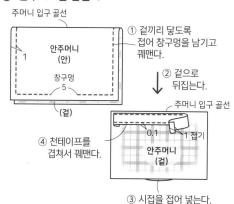

주머니 입구 골선
① 겉끼리 닿도록 접어 창구멍을 남기고 꿰맨다.
1
안주머니 (안)
창구멍 5
(겉)
② 겉으로 뒤집는다.

주머니 입구 골선
0.1   1 접기
안주머니 (겉)
④ 천테이프를 겹쳐서 꿰맨다.
③ 시접을 접어 넣는다.

4 가방 겉을 만든다.

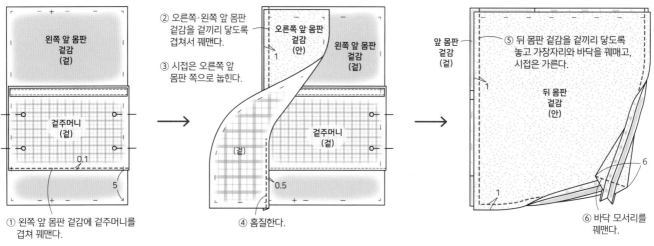

왼쪽 앞 몸판 겉감 (겉)

겉주머니 (겉)

0.1

5

① 왼쪽 앞 몸판 겉감에 겉주머니를 겹쳐 꿰맨다.

② 오른쪽·왼쪽 앞 몸판 겉감을 겉끼리 닿도록 겹쳐서 꿰맨다.

③ 시접은 오른쪽 앞 몸판 쪽으로 눕힌다.

오른쪽 앞 몸판 겉감 (안)

1

왼쪽 앞 몸판 겉감 (겉)

(겉)

겉주머니 (겉)

0.5

④ 홈질한다.

앞 몸판 겉감 (겉)

1

⑤ 뒤 몸판 겉감을 겉끼리 닿도록 놓고 가장자리와 바닥을 꿰매고, 시접은 가른다.

뒤 몸판 겉감 (안)

1

6

⑥ 바닥 모서리를 꿰맨다.

5 가방 안을 만든다.

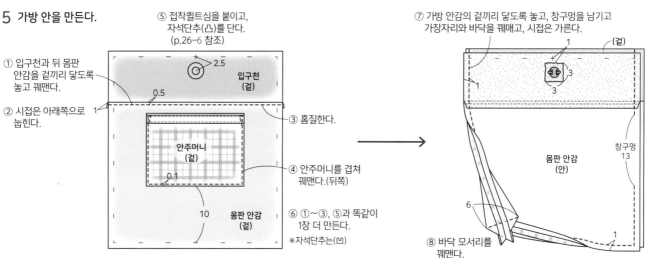

① 입구천과 뒤 몸판 안감을 겉끼리 닿도록 놓고 꿰맨다.

② 시접은 아래쪽으로 눕힌다.

⑤ 접착퀼트심을 붙이고, 자석단추(凸)를 단다. (p.26-6 참조)

2.5

입구천 (겉)

0.5

1

③ 홈질한다.

안주머니 (겉)

0.1

10

몸판 안감 (겉)

④ 안주머니를 겹쳐 꿰맨다.(뒤쪽)

⑥ ①~③, ⑤과 똑같이 1장 더 만든다.
※자석단추는(凹)

⑦ 가방 안감의 겉끼리 닿도록 놓고, 창구멍을 남기고 가장자리와 바닥을 꿰매고, 시접은 가른다.

(겉)

1

1

3

3

몸판 안감 (안)

창구멍 13

6

⑧ 바닥 모서리를 꿰맨다.

1

6 완성한다.

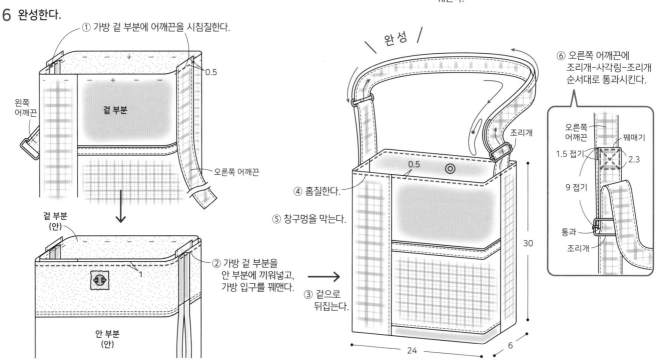

① 가방 겉 부분에 어깨끈을 시침질한다.

0.5

왼쪽 어깨끈

겉 부분

오른쪽 어깨끈

겉 부분 (안)

② 가방 겉 부분을 안 부분에 끼워넣고, 가방 입구를 꿰맨다.

1

③ 겉으로 뒤집는다.

안 부분 (안)

완 성

④ 홈질한다.

0.5

⑤ 창구멍을 막는다.

조리개

30

24

6

⑥ 오른쪽 어깨끈에 조리개-사각링-조리개 순서대로 통과시킨다.

오른쪽 어깨끈

꿰매기

1.5 접기

2.3

9 접기

통과

조리개

숄더백 B

완성 모습 ▶ p.50　　난이도 ▶ 2

··· shoulder bag

[재료]

리넨(닻 무늬)···100×30cm
코튼(스트라이프)···80×30cm
접착심···90×30cm
리넨테이프···1.5cm폭×50cm
D링···지름 2cm×2개
단추···지름 3cm×1개
가죽끈···1cm 폭×118cm

개고리···지름 1.3cm×2개
아일렛···지름 0.7cm×2쌍

[완성 사이즈]

높이 20×너비 20×바닥 폭 5cm

* ( ) 안은 시접. 지정된 것 이외의 시접은 1cm.
* ▭ 안에는 접착심을 붙인다.

[마름질과 치수]

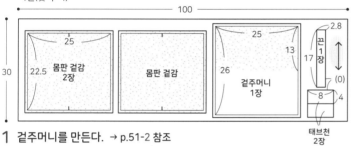

리넨(닻 무늬)

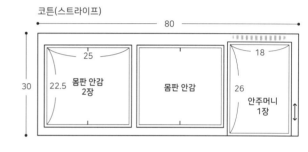

코튼(스트라이프)

1 겉주머니를 만든다. → p.51-2 참조

2 안주머니를 만든다. → p.51-3 참조

3 가방 겉을 만든다.

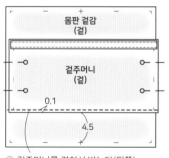

① 겉주머니를 겹쳐서 박는다(뒤쪽).
② p.52-4-⑤, ⑥를 참조하여 옆과 바닥을 박는다.
※바닥의 옆 치수는 5cm.

4 가방 안을 만든다.

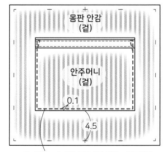

① 안주머니를 겹쳐서 박는다(뒤쪽).
② p.52-5-⑦, ⑧를 참조하여 옆과 바닥을 박는다.
※바닥의 옆 치수는 5cm

5 태브, 끈을 만든다.

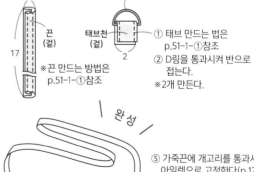

① 태브 만드는 법은 p.51-1-①참조
② D링을 통과시켜 반으로 접는다.
※2개 만든다.

※끈 만드는 방법은 p.51-1-①참조

6 완성한다.

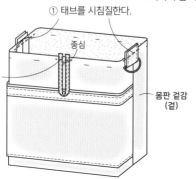

① 태브를 시침질한다.
② 끈을 반으로 접어 시침질한다.
(뒤쪽)
중심
몸판 겉감
(겉)

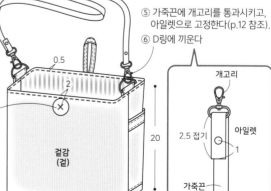

③ p.52-6-②~⑤를 참조하여 완성한다.
④ 단추를 단다.
(앞쪽)

⑤ 가죽끈에 개고리를 통과시키고, 아일렛으로 고정한다(p.12 참조).
⑥ D링에 끼운다

완성

개고리
2.5 접기
아일렛
가죽끈
(안)

미니파우치
숄더백 A·B

활용성이 높은 클러치백을
컬러풀한 배색으로 만들었다.
캔버스 9호 천으로 만들면
형태를 유지하기 좋다.
클러치백 A는 어깨끈을 풀면
백in백으로도 사용할 수 있다.

Design & Make 신구 마리

challenge
난이도

1 2 3 4 5

만드는 방법 ▶ p.56

가방 뒤쪽에 주머니를 달았다.
가로 길이, 세로 길이, 크기는
취향대로 변형해도 된다.

A

B

아프리칸 숄더백

여행지에서 산 아프리카 천을
이용하여 만든 숄더백이다.
아프리카의 느낌이 물씬 풍긴다.
큰 덮개가 있어서 지퍼가 없어도
내용물이 나오지 않는다.

Design & Make 스가하라 준코

challenge
난이도

1 2 3 4 5

만드는 방법 ▶ p.58

어깨끈은 아일렛으로 고정한다. 두꺼운 어깨끈이
안정적인 느낌을 준다.

뒷 주머니도 아프리카 천을 사용하
여 느낌을 살렸다.

덮개의 안쪽에는 자석단추를 달아
실용성을 높였다.

미니파우치 숄더백 A·B

완성 모습 ▶ p.54   난이도 ▶ 1

 … shoulder bag

[재료] <A>

캔버스 8호(베이지)…60×25cm
캔버스 8호(빨강)…30×25cm
나일론(그레이)…30×45cm
바이어스테이프…2.2cm 폭×50cm
아크릴테이프…2.5cm 폭×130cm
지퍼…24cm×1개
아일렛…지름 1.3cm×2쌍
왈자조리개…지름 2.5cm×1개
개고리…지름 2.5cm×2개

[완성 사이즈]

높이 20.5×너비 25cm

[재료] <B>

캔버스 8호(노랑)…20×25cm
캔버스 8호(베이지)…25×25cm
캔버스 8호(파랑)…20×25cm
나일론(그레이)…20×50cm
바이어스테이프…2.2cm 폭×50cm
로프…지름 1cm×140cm
지퍼…16cm×1개

[완성 사이즈]

높이 22.5×너비 17cm

[마름질과 치수]

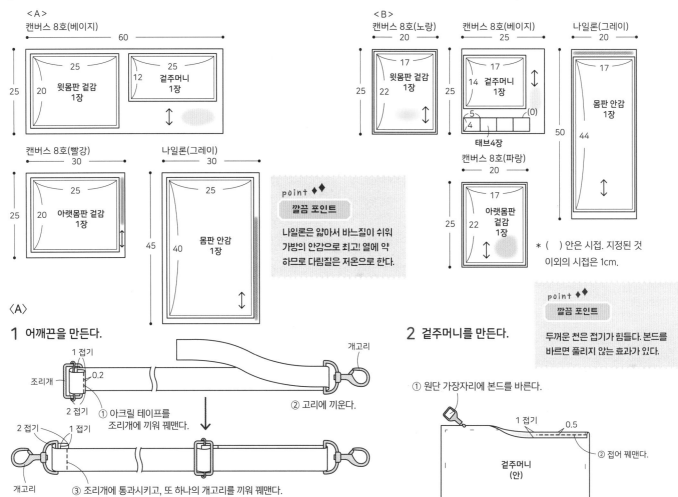

3 겉감을 만든다.

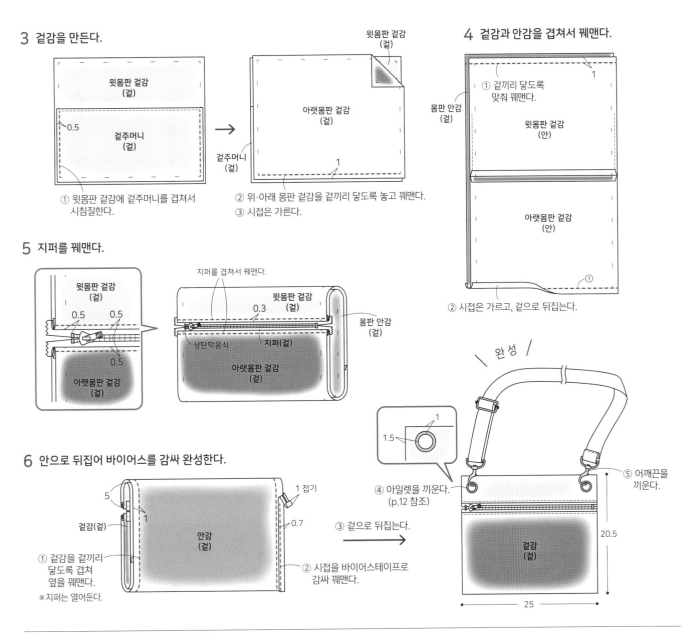

① 윗몸판 겉감에 겉주머니를 겹쳐서
  시침질한다.

② 위·아래 몸판 겉감을 겉끼리 닿도록 놓고 꿰맨다.
③ 시접은 가른다.

4 겉감과 안감을 겹쳐서 꿰맨다.

① 겉끼리 닿도록
  맞춰 꿰맨다.

② 시접은 가르고, 겉으로 뒤집는다.

5 지퍼를 꿰맨다.

지퍼를 겹쳐서 꿰맨다.

몸판 안감
(겉)

상단막음쇠   지퍼(겉)

6 안으로 뒤집어 바이어스를 감싸 완성한다.

① 겉감을 겉끼리
  닿도록 겹쳐
  옆을 꿰맨다.
※지퍼는 열어둔다.

② 시접을 바이어스테이프로
  감싸 꿰맨다.

③ 겉으로 뒤집는다.

④ 아일렛을 끼운다.
  (p.12 참조)

⑤ 어깨끈을
  끼운다.

20.5
25

〈B〉

1 A-2-④와 똑같이 만든다.

2 지퍼를 꿰매고, 태브를 시침질한다.

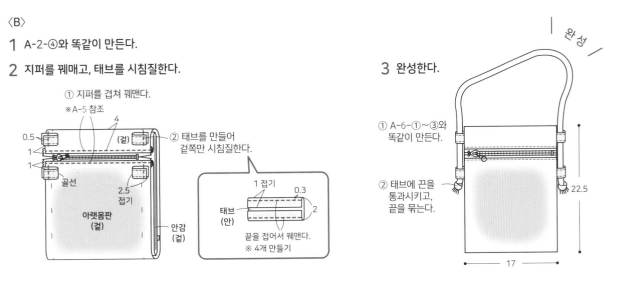

① 지퍼를 겹쳐 꿰맨다.
※A-5 참조

② 태브를 만들어
  겉쪽만 시침질한다.

골선

2.5
접기

아랫몸판
(겉)

안감
(겉)

1 접기   0.3

태브
(안)

끝을 접어서 꿰맨다.
※ 4개 만들기

3 완성한다.

① A-6-①~③와
  똑같이 만든다.

② 태브에 끈을
  통과시키고,
  끝을 묶는다.

22.5
17

아프리칸 숄더백　완성 모습 ▶ p.55　난이도 ▶ 2

 ··· shoulder bag

[재료]

나일론…80×50cm
아프리칸 코튼…60×40cm
코튼(연두색)…80×90cm
가죽(진브라운)…30×15cm
접착심(중간 두께 가방심)…80×80cm
숄더벨트…7cm 폭×125cm

자석단추…지름 1.8cm×1쌍
리벳 …지름 0.8cm×8쌍

[완성 사이즈]

높이 29.7×너비 26×바닥 폭 9cm

※ 앞 몸판, 뚜껑의 각 겉감, 안감
　실물 패턴 A - 【b】

[마름질과 치수]

나일론
80
50
앞 몸판 겉감
1장
뒤 몸판 겉감
1장
26
29.7

* ( ) 안은 시접. 지정된 것 이외의 시접은 1cm.
* ▨ 안에는 접착심을 붙인다.

아프리칸 코튼
60
40
덮개 겉감
1장 (0)
겉주머니 겉감 1장
26
18

가죽
30
15
28　4
7　5
등쪽 띠1장
어깨끈 덧댐천 2장

코튼(연두색)
80
90
앞 몸판 안감
1장
뒤 몸판 안감
1장
26
29.7
겉주머니 안감 1장
26
18
덮개 안감
1장 (0)
안주머니 1장
23
23
3
3
1.5

1 겉주머니를 만든다.

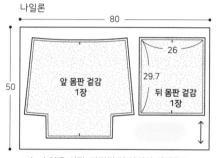

① 겉끼리 닿도록 놓고 꿰맨다.
겉주머니 안감 (안)
겉감 (겉)
1

② 겉으로 뒤집는다.

주머니 입구　0.5
③ 홈질한다.
겉주머니 겉감 (겉)

2 안주머니를 만든다.

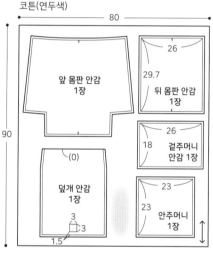

주머니 입구 골선
① 겉끼리 닿도록 반으로 접어 창구멍을 남기고 꿰맨다.
안주머니 (안)
1
창구멍 10
(겉)

② 겉으로 뒤집는다.

③ 홈질한다.　0.5

3 덮개를 만든다.

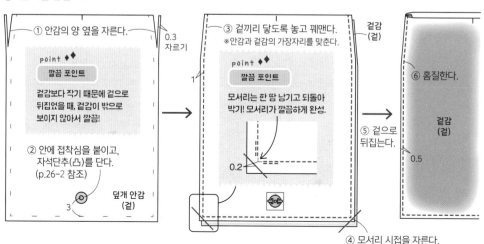

① 안감의 양 옆을 자른다.
0.3 자르기

point ◆◆
깔끔 포인트
겉감보다 작기 때문에 겉으로 뒤집었을 때, 겉감이 밖으로 보이지 않아서 깔끔!

② 안에 접착심을 붙이고, 자석단추(凸)를 단다. (p.26-2 참조)
덮개 안감 (겉)
3

③ 겉끼리 닿도록 놓고 꿰맨다.
※안감과 겉감의 가장자리를 맞춘다.
겉감 (겉)
1

point ◆◆
깔끔 포인트
모서리는 한 땀 남기고 되돌아 박기! 모서리가 깔끔하게 완성.
0.2

④ 모서리 시접을 자른다.

⑤ 겉으로 뒤집는다.

⑥ 홈질한다.
겉감 (겉)
0.5

4 가방 겉을 만든다.

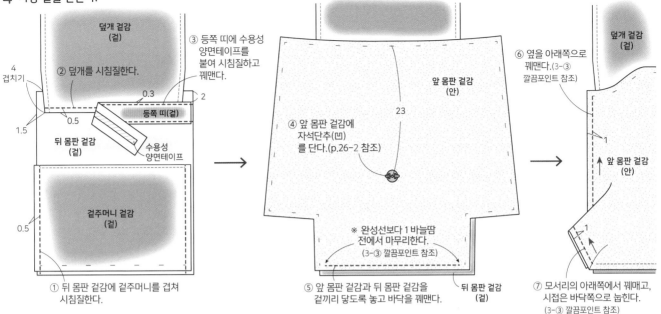

덮개 겉감
(겉)

② 덮개를 시침질한다.

4
겹치기

1.5

0.5

0.3

2

등쪽 띠(겉)

③ 등쪽 띠에 수용성 양면테이프를 붙여 시침질하고 꿰맨다.

수용성 양면테이프

뒤 몸판 겉감
(겉)

겉주머니 겉감
(겉)

0.5

① 뒤 몸판 겉감에 겉주머니를 겹쳐 시침질한다.

앞 몸판 겉감
(안)

23

④ 앞 몸판 겉감에 자석단추(凹)를 단다.(p.26-2 참조)

※ 완성선보다 1 바늘땀 전에서 마무리한다.
(3-③ 깔끔포인트 참조)

⑤ 앞 몸판 겉감과 뒤 몸판 겉감을 겉끼리 닿도록 놓고 바닥을 꿰맨다.

뒤 몸판 겉감
(겉)

덮개 겉감
(겉)

⑥ 옆을 아래쪽으로 꿰맨다.(3-③ 깔끔포인트 참조)

1

앞 몸판 겉감
(안)

1

⑦ 모서리의 아래쪽에서 꿰매고, 시접은 바닥쪽으로 눕힌다.
(3-③ 깔끔포인트 참조)

⑧ 옆과 바닥의 시접은 앞쪽으로 눕힌다.

5 가방 안을 만든다.

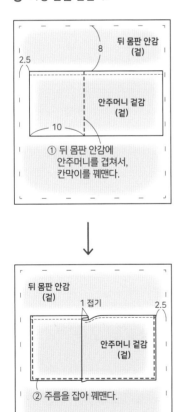

뒤 몸판 안감
(겉)

8

2.5

안주머니 겉감
(겉)

10

① 뒤 몸판 안감에 안주머니를 겹쳐서, 칸막이를 꿰맨다.

뒤 몸판 안감
(겉)

1 접기

2.5

안주머니 겉감
(겉)

② 주름을 잡아 꿰맨다.

20 창구멍

③ 4-⑤~⑦와 똑같이 창구멍을 남기고 앞 몸판 안감과 겹쳐 꿰맨다.
※완성선보다 1 바늘땀 정도 안쪽을 꿰맨다.
※옆과 바닥의 시접은 뒤쪽으로 눕힌다.

6 완성한다.

① 가방의 겉과 안 부분을 겉끼리 닿도록 놓고, 가방의 입구를 꿰맨다.
※덮개가 꿰매 들어가지 않도록 주의

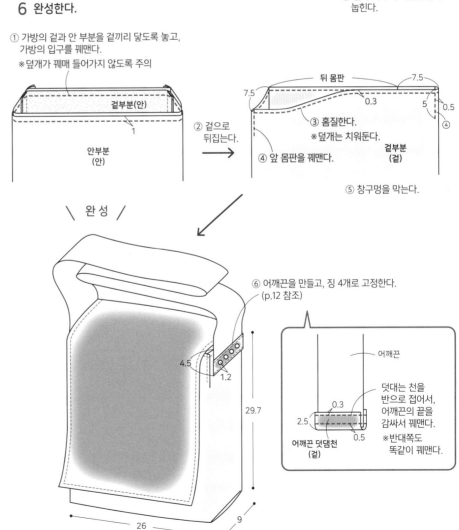

겉부분(안)

1

안부분
(안)

② 겉으로 뒤집는다.

뒤 몸판

7.5

7.5

0.3

5

0.5

④

③ 홈질한다.
※덮개는 치워둔다.

④ 앞 몸판을 꿰맨다.

겉부분
(겉)

⑤ 창구멍을 막는다.

＼ 완 성 ／

⑥ 어깨끈을 만들고, 징 4개로 고정한다.
(p.12 참조)

4.5

1.2

29.7

26

9

어깨끈

덧대는 천을 반으로 접어서, 어깨끈의 끝을 감싸서 꿰맨다.

0.3

2.5

0.5

어깨끈 덧댐천
(겉)

※반대쪽도 똑같이 꿰맨다.

지갑 핸드백
& 카드 지갑

확실하고 임팩트 있는 배색으로
코디의 포인트가 된다.
지갑 핸드백의 스냅단추 부분에
손가락이 들어가기 때문에
가방을 열기 편하다.

Design & Make 아카미네 사야카

challenge
난이도
1 2 **3** 4 5

만드는 방법 ▶ p.61(지갑 핸드백)
         ▶ p.77(카드 지갑)

이렇게 한 곳에 카드를 정리해 넣으면 다른 가방에도
넣어서 사용할 수 있다.

뒤쪽은 여권이 들어가는 크기이다.

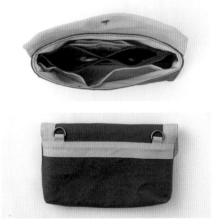

지퍼 주머니에는 칸막이가 있어 지폐와 동전을 나눠
넣을 수 있다. 뒤쪽에는 어깨끈을 탈부착할 수 있는
D링을 달아준다.

지갑 핸드백

완성 모습 ▶ p.60   난이도 ▶ 3

[재료]

캔버스 10호(인디고)···50×40cm
두꺼운 코튼···50×45cm
접착심···5×5cm
천연가죽 손잡이(숄더타입)···길이 117~130cm×1쌍
스냅단추(앤틱골드)···지름 13mm×1쌍
D링(앤틱골드)···지름 15mm×2개
지퍼···22cm×1개

※재봉실 30호, 재봉바늘 14호를 사용

[완성 사이즈]

높이 12×너비 20×바닥 폭 3cm

※ 실물 패턴 A –【c】

[마름질과 치수]

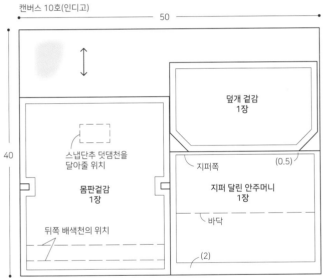

캔버스 10호(인디고)

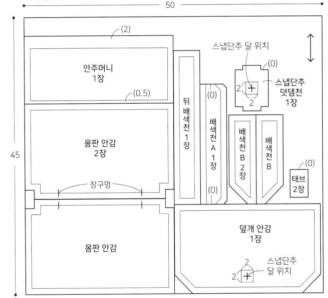

두꺼운 코튼

* ( ) 안은 시접. 지정된 것 이외의 시접은 1cm.
* ☐ 안에는 접착심을 붙인다.

point ◆◆

깔끔 포인트

스냅단추를 달아줄 위치는 힘이 가
해지는 부분이므로, 안에 접착심을
넣어 보강하면 튼튼하다.

1 덮개를 만든다.

※ 알아보기 쉽도록 천과 실을 바꾸어 사용했다.

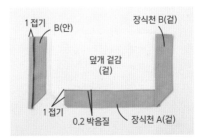

① 장식천 A·B의 안쪽이 되는 부분의 시접
을 접어준다. 덮개 겉감에 장식천 A를 겹
쳐서 박고, 장식천 B를 겹쳐 박는다.

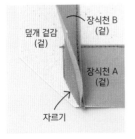

② 장식천 B를 넘기고, 여분
의 시접을 자르면 시접의
두께가 줄어든다.

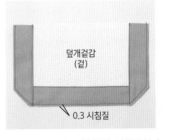

③ 위쪽을 남기고 천 끝을 시침질한다.

④ 덮개 안감의 스냅단추를 달 위치
에 접착심을 붙인다.

⑤ 덮개 안감에 스냅단추를 달아준다.(p.12 참조)

스냅단추(凸)
덮개 안감(겉)

덮개 겉감(겉)
덮개 안감(안)
1박음질

⑥ 덮개 겉감을 겉끼리 닿도록 하여 박음질하고, 시접을 가른다.

0.5 시침질
덮개 겉감(겉)
0.3 박음질

⑦ 겉으로 뒤집어 모양을 정리하고, 위쪽을 제외한 나머지 테두리를 박는다. 그 다음 위쪽 가장자리를 시침질한다.

2 스냅단추를 달 천을 만든다.

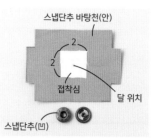

스냅단추 바탕천(안)
2
2
접착심
달 위치
스냅단추(凹)

① 스냅단추를 튼튼하게 달 수 있도록 바탕천에 접착심을 붙인다.

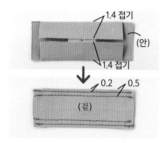

1.4 접기
(안)
1.4 접기
0.2 0.5
(겉)

② 스냅단추 바탕천의 긴 쪽을 접고, 겉에서 바느질한다.

(겉)
0.7 두 번 접기 0.7

③ 짧은 쪽을 두 번 접는다.

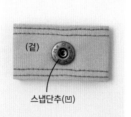

(겉)
스냅단추(凹)

④ 중심에 스냅단추(凹)를 단다.(p.12 참조)

3 태브를 만든다.

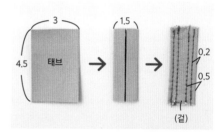

3
1.5
4.5 태브
0.2
0.5
(겉)

① 태브의 긴 쪽을 안으로 접고, 겉에서 바느질한다. 같은 방법으로 2개를 만든다.

4 몸판을 만든다.

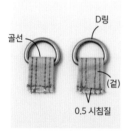

골선
D링
(겉)
0.5 시침질

② 태브를 D링을 통과시켜 반으로 접고 가장자리를 시침질한다.

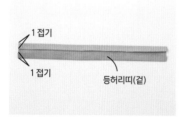

1 접기
1 접기
등허리띠(겉)

① 등허리띠의 긴 쪽 시접을 안으로 접는다.

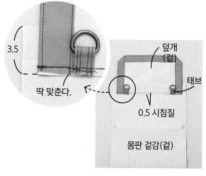

3.5
딱 맞춘다.
덮개(겉)
태브
0.5 시침질
몸판 겉감(겉)

② 몸판 겉감에 덮개(중심을 맞춘다)와 태브를 겹쳐서 시침질한다.

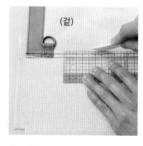

(겉)

③ 덮개의 가장자리에서 1cm 안쪽에 헤라로 표시한다.

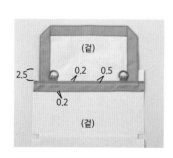

(겉)
2.5
0.2 0.5
0.2
(겉)

④ 3에서 표시한 가이드라인에 맞춰서 허리띠를 겹치고 박음질한다.

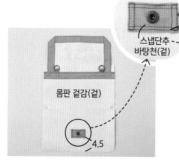

0.2
0.5
스냅단추 바탕천(겉)
몸판 겉감(겉)
4.5

⑤ 몸판 겉감에 스냅단추 바탕천을 겹치고, 양 가장자리를 사각으로 박아 마무리한다.

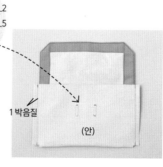

(겉)
1박음질
(안)

⟨코로코로 오프너⟩
다리미를 사용할 수 없는 천의 시접을 접을 때 사용하면 편리하다.

⑥ 몸판 겉감을 겉끼리 닿도록 해서 옆쪽을 박고, 시접을 가른다.

5 안주머니를 만든다.

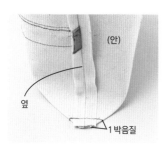

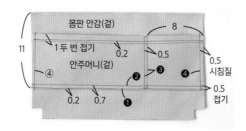

⑦ 옆과 바닥을 맞춰서 접는다. 바닥
쪽에서 박음질하고 겉으로 뒤집
는다.

안주머니의 주머니 입구를 겉쪽으로 1cm→1cm로 두 번
접고 박음질한다. 안주머니의 아래쪽을 0.5cm 안으로 접
고, 몸판 안감에 겹쳐 번호 순서대로 박음질한다.
③은 아래쪽부터 박기 시작해서 꺾어서 아래로 내려간다.

6 지퍼 달린 안주머니를 만든다.

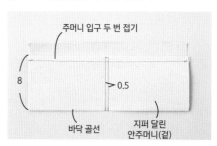

① 지퍼가 달린 안주머니 입구를 두 번 접고(안
쪽) 박음질한다(p.80-2-1, 2 참조). 바닥에서
접어 중앙 칸막이를 박는다.

지퍼를 열면 안쪽에
주머니가 있다.

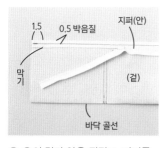

② ①의 겉과 안을 뒤집고, 지퍼를
겹쳐서 박음질한다.

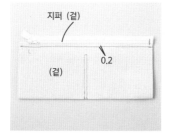

③ 시접을 주머니 쪽으로 눕혀서 누
르고 박음질한다.

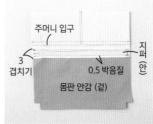

④ 다른 한 개의 몸판 안감에 주머니
입구를 위로 한 ③을 3cm 겹치고,
지퍼테이프 아래를 박음질한다.

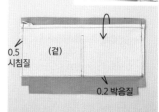

⑤ 지퍼 달린 주머니를 아래로 내리
고(이빨을 기준으로 접는다), 바
닥을 박고, 양 옆을 시침질한다.

7 안 가방을 만든다.

① 몸판 안감 2장을 겉끼리 닿도록 맞
추고, 창구멍을 남기고 바닥을 꿰매
고 시접은 나눈다.

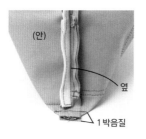

② 몸판 겉감과 마찬가지로
옆(p.62-4-6 참조)과 바
닥을 박음질한다.

8 완성한다.

① 겉 가방을 겉끼리 닿도록 넣는다.
겉 가방은 스냅단추 쪽을 앞으로
향하도록 하고, 안 가방은 지퍼가
달린 쪽을 건너편으로 한다.

② 가방 입구의 천 끝을 잘 맞춰서 시침
질하고, 둘레를 맞춰서 꿰매준다.

③ 창구멍으로 겉으로 뒤집어 안 가방을 안으로 넣는다. 모양을 정리
하고 가방 입구를 박음질한다.

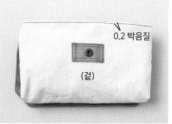

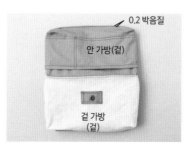

④ 안 가방을 꺼내고 창구멍의 시접을 안
쪽으로 접어 바느질하여 막은 다음, 안
가방을 속으로 넣는다.

완성

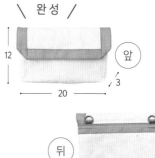

배낭 A

두꺼운 천을 사용한 베이직한 배낭.
누구나 편리하게 사용할 수 있다.
바느질이 쉽고, 모양도 에쁘게 완성된다.

Design & Make 오카다 케이코

challenge
난이도
1 2 3 **4** 5

만드는 방법 ▶ p.84

지퍼가 달린 입체 포켓으로
기능성 업.

시접은 능직테이프로 처리. 거슬리는
부분 없이 넣고 빼는 것이 편하다.

바닥 부분의 합피
로 디자인 포인트
뿐 아니라 튼튼함
도 함께 잡았다.

배낭 B

배낭 A의 기본형을 바탕으로
가방 여는 지퍼를 숨기는 형태로
만든 배낭. 옆주머니도 달아
실용성을 높였다.

Design & Make 오카다 케이코

challenge
난이도
1 2 3 4 <u>5</u>
◆―◆―◆―◆―◆

만드는 방법 ▶ p.87

물병 등을 넣을 수 있
는 옆주머니.

옆 지퍼는 등쪽 안주머니와 이어져
물건을 넣고 빼기에 편리하다.

2단으로 된 안쪽 주머니에는 물건
을 정리할 수 있다.

어깨끈에는 접착퀼트심을 넣어 어
깨에 맸을 때 부담을 줄여준다.

지퍼 장식을 달면
개폐가 쉬워진다.

배낭용 백 in 백

배낭의 내용물을 정리할 수 있는 편리한 배낭 속 가방이다.
바닥의 판을 뒷면에 넣어 단단하게 만들어서
배낭을 맬 때 안정적이다.
여행지에서는 밖으로 꺼내 손잡이를 걸면 그대로
사용할 수 있어 무척 편리한 아이템이다.

Design & Make 오카다 케이코

난이도

1 2 3 **4** 5

만드는 방법 ▶ p.81

배낭 B에 넣은
모습.

물병을 넣을 수 있는 홀더
나 열쇠를 걸 수 있는 고
리, 귀중품을 넣을 수 있
는 지퍼 포켓, 기능적인
칸막이 등이 있어 내용물
을 한눈에 보이도록 정리
할 수 있다.

비즈니스백

진한 파란색과 검은색의 깔끔한 배색에
가죽 손잡이를 달아서 기성품과 같은 느낌으로
튼튼하게 마무리했다.
노트북이나 태블릿을 보호할 수 있도록
안주머니에 접착퀼트심을 붙였다.

Design & Make 아카미네 사야카

challenge
난이도
1 2 3 **4** 5

만드는 방법 ▶ p.90

가방 안쪽에는 A4 크기
의 노트 등이 들어가는
주머니와 몇 개의 칸막
이로 나눈 안주머니를
달았다.

백 in 백 A·B

가방의 정리정돈에는 백in백이 편리.
A는 패치 포켓을 메인으로 한 기본 형태.
B는 A를 기본으로 입체적인 주머니와
지퍼가 달린 주머니로 칸막이를 넣었다.
안감은 더러워지면 닦을 수 있는 나일론을 사용한다.

Design & Make 스기노 미오코

challenge
난이도
1 **2** 3 4 5

challenge
난이도
1 2 **3** 4 5

A 만드는 방법
▶ p.69

B 만드는 방법
▶ p.71

A

B

주머니의 수와 칸막이의 위치는 취향대로 만든다.

테이프를 달아주면 포인트가 된다.

주머니와 칸막이가 많은 형태로, 작은 물건을 정
리하기 편하다.

백 in 백 A

완성 모습 ▶ p.68   난이도 ▶ 2

··· bag in bag

[재료]

코튼 리넨(물방울무늬) ···40×50cm

나일론···40×50cm

코튼 리넨(서양배 무늬)···50×30cm

코튼 리넨(깅엄체크)···60×30cm

아크릴테이프 ···3cm 폭 ×64cm

라벨 ··· 1 장

[완성 사이즈]

높이 18×너비 24×바닥 폭 8cm

[마름질과 치수]

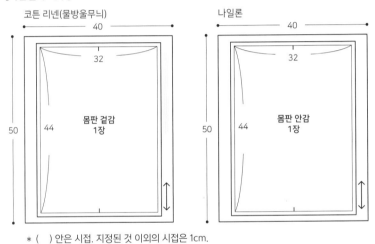

코튼 리넨(물방울무늬)

40

32

몸판 겉감
1장

50   44

* ( ) 안은 시접. 지정된 것 이외의 시접은 1cm.

나일론

40

32

몸판 안감
1장

50   44

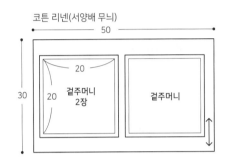

코튼 리넨(서양배 무늬)

50

20

20 겉주머니
2장

겉주머니

30

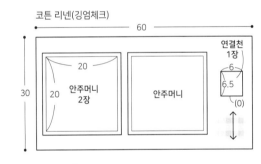

코튼 리넨(깅엄체크)

60

20

20 안주머니
2장

안주머니

30

연결천
1장

6

6.5

(0)

Lesson
bag in bag

1 겉주머니를 만든다.

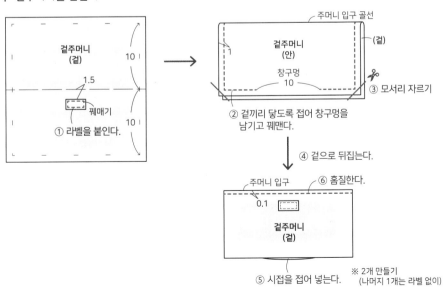

겉주머니
(겉)

10

1.5

꿰매기

① 라벨을 붙인다.

10

주머니 입구 골선

1   겉주머니
(안)   (겉)

창구멍

③ 모서리 자르기

10

② 겉끼리 닿도록 접어 창구멍을
남기고 꿰맨다.

④ 겉으로 뒤집는다.

주머니 입구   ⑥ 홈질한다.

0.1

겉주머니
(겉)

⑤ 시접을 접어 넣는다.   ※ 2개 만들기
(나머지 1개는 라벨 없이)

2 안주머니를 만든다.

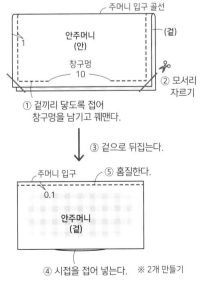

주머니 입구 골선

1   안주머니
(안)   (겉)

창구멍

② 모서리
자르기

10

① 겉끼리 닿도록 접어
창구멍을 남기고 꿰맨다.

③ 겉으로 뒤집는다.

주머니 입구   ⑤ 홈질한다.

0.1

안주머니
(겉)

④ 시접을 접어 넣는다.   ※ 2개 만들기

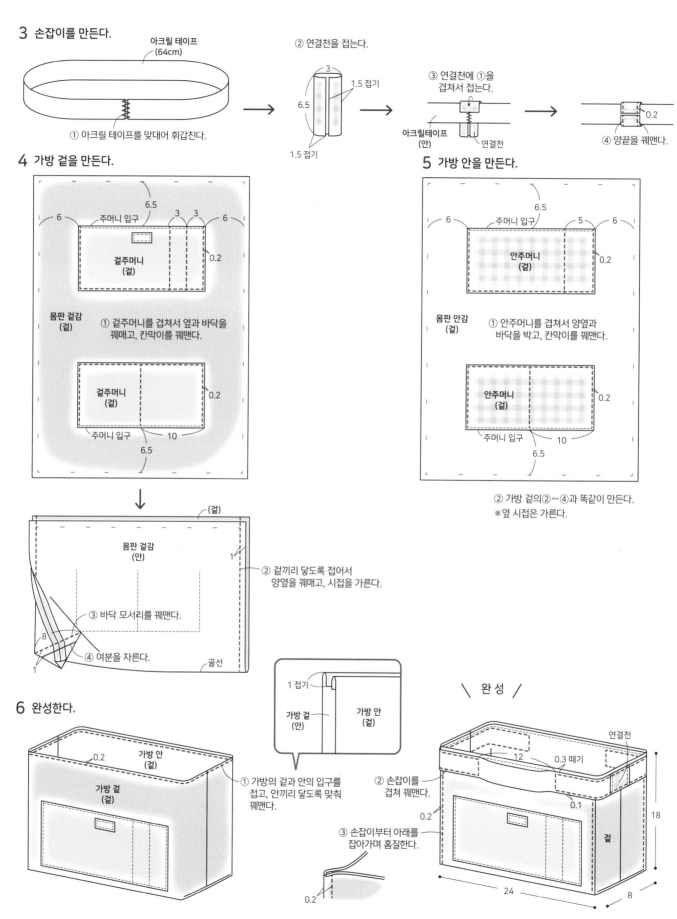

3 손잡이를 만든다.

아크릴 테이프 (64cm)

① 아크릴 테이프를 맞대어 휘갑친다.

② 연결천을 접는다.

3 / 6.5 / 1.5 접기 / 1.5 접기

③ 연결천에 ①을 겹쳐서 접는다.

아크릴테이프 (안) / 연결천

④ 양끝을 꿰맨다. / 0.2

4 가방 겉을 만든다.

6 / 주머니 입구 / 6.5 / 3 / 3 / 6

겉주머니 (겉) / 0.2

몸판 겉감 (겉)

① 겉주머니를 겹쳐서 옆과 바닥을 꿰매고, 칸막이를 꿰맨다.

겉주머니 (겉) / 0.2

주머니 입구 / 10 / 6.5

몸판 겉감 (안) / 1

② 겉끼리 닿도록 접어서 양옆을 꿰매고, 시접을 가른다.

③ 바닥 모서리를 꿰맨다.

8 / 1

④ 여분을 자른다. / 골선

5 가방 안을 만든다.

6 / 주머니 입구 / 6.5 / 5 / 6

안주머니 (겉) / 0.2

몸판 안감 (겉)

① 안주머니를 겹쳐서 양옆과 바닥을 박고, 칸막이를 꿰맨다.

안주머니 (겉) / 0.2

주머니 입구 / 10 / 6.5

② 가방 겉의②~④과 똑같이 만든다.
※옆 시접은 가른다.

6 완성한다.

0.2 / 가방 안 (겉)

가방 겉 (겉)

1 접기

가방 겉 (안) / 가방 안 (겉)

① 가방의 겉과 안의 입구를 접고, 안끼리 닿도록 맞춰 꿰맨다.

② 손잡이를 겹쳐 꿰맨다.

0.2

③ 손잡이부터 아래를 잡아가며 홈질한다.

0.2

＼ 완 성 ／

연결천 / 12 / 0.3 떼기 / 0.1 / 겉 / 18

24 / 8

백 in 백 B

완성 모습 ▶ p.68   난이도 ▶ 3

[재료]

코튼(검정)···40×50cm

나일론···65×50cm

코튼(무늬 있는 것)···70×55cm

코튼(스트라이프 무늬)···35×35cm

아크릴테이프···3cm 폭×64cm

플랫 니트 지퍼 ···30cm×1개

라벨···1개

[완성 사이즈]

높이 18×너비 24×바닥 폭 8cm

[마름질과 치수]

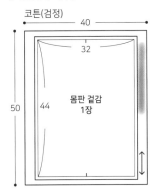

코튼(검정)

40

32

몸판 겉감
1장

50   44

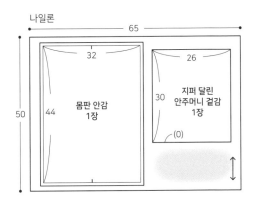

나일론

65

32

몸판 안감
1장

50   44

26

지퍼 달린
안주머니 겉감
1장

30

(0)

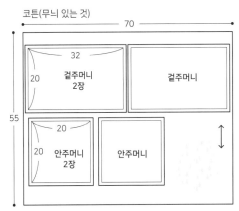

코튼(무늬 있는 것)

70

32   겉주머니
2장

20

겉주머니

20   안주머니
2장

20

안주머니

55

코튼(스트라이프 무늬)

35

26

지퍼 달린
안주머니
안감
1장

35   30

(0)

6

6.5

(0)

연결천
1장

* ( ) 안은 시접. 지정된 것
이외의 시접은 1cm.

1 겉주머니를 만든다.

① p.69-1을 참조해서 만든다

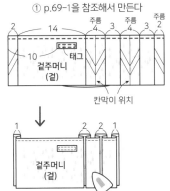

2   14   주름   3   주름   3   주름
4   4   2

10   태그
겉주머니
(겉)

칸막이 위치

1   2   2   1

겉주머니
(겉)

② 턱을 접고 다림질로 주름을 잡는다.
※ 2개 만든다(다른 1개는 턱 없이).

2 안주머니와 지퍼 달린 안주머니를 만든다.

① p.69-2를 참조해서 안주머니를 2개 만든다.

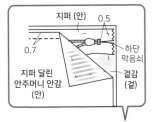

지퍼 (안)   0.5

0.7

지퍼 달린
안주머니 안감
(안)

하단
막음쇠

겉감
(겉)

② 지퍼 달린 안주머니 겉감과 안감을 겉끼리
닿도록 맞추고, 지퍼를 잠그고 박음질한다.

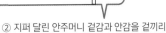

③ 지퍼의 여분을
자른다.

④ 겉으로 뒤집고,
바늘땀을 넣는다.

※ 반대쪽도 마찬
가지로 박는다.

하단막음쇠

0.2

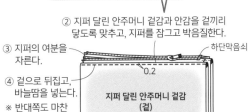

지퍼 달린 안주머니 겉감
(겉)

3 손잡이를 만든다. → p.70-3 참조

4 겉감을 만든다. → p.70-4 참조

※ 겉주머니는 ① 양옆, ② 칸막이,
③ 바닥의 순서대로 바느질한다.

겉주머니
(겉)

① 다는 위치는
p.70-4와 동일

②

③

5 안감을 만든다.

① p.70-5-①를 참조해서 안주머니를 붙인다.
※ 칸막이 폭은 원하는 대로 만든다.

4.5

지퍼 달린
안주머니
겉감
(겉)

몸판 안감
(안)

1

(겉)

골선

② 겉끼리 닿도록 반으로 접어 지퍼 달린
안주머니를 사이에 두고 양옆을 꿰맨다.

③ p.70-4-③, ④와 똑같이 만든다.

6 완성한다. → p.70-6 참조

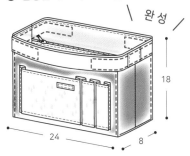

완성

18

24   8

그래니백

둥근 모양이 특징인 그래니백.
다트 주름으로 입체감을 살리고,
접착퀼트심으로 통통하고 귀엽게 마무리한다.
옆에서 이어지는 손잡이는 테이프를 한 바퀴
두르는 것으로 처리한다.

Design & Make 스기노 미오코

challenge
난이도
1 2 3 4 5

A 만드는 방법
▶ p.74

마르쉐백

타원형 바닥의 마르쉐백은
초보자도 다루기 쉬운 캔버스 11호 천을 사용했다.
컬러풀한 색을 사용하여 경쾌한 느낌을 준다.
손잡이 각도를 꺾어서 잡기 편하도록 만들었다.

Design & Make 스기노 미오코

A 만드는 방법
▶ p.94

그래니백

완성 모습 ▶ p.72   난이도 ▶ 2

 ··· granny bag

[재료]

론(꽃무늬)···85×25cm
코튼(무지)···75×15cm
코튼(스트라이프 무늬)···70×30cm
접착퀼트심···65×25cm
아크릴테이프 ···3cm 폭 ×92cm×1개·20cm×2개

[완성 사이즈]

높이 22×너비 30cm

※몸판 겉감, 안감 실물 패턴 B − 【f】
※안주머니·연결천은 도안의 치수대로 마름질

[마름질과 치수]

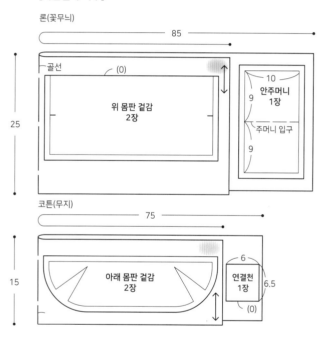

론(꽃무늬)

85

골선 (0)

위 몸판 겉감
2장

25

안주머니
1장

10

9

주머니 입구

9

코튼(무지)

75

아래 몸판 겉감
2장

15

연결천
1장

6

6.5

(0)

코튼(스트라이프 무늬) / 접착퀼트심

70

골선 (0)

몸판 안감
2장

접착퀼트심 2장
※ 완성 치수로 마름질

30

* (　) 안은 시접. 지정된 것 이외의 시접은 1cm.

1 몸판 겉감을 만든다.

※ 알아보기 쉽도록 천과 실을 바꾸어 사용했다.

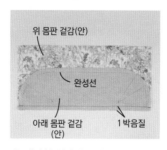

위 몸판 겉감(안)
완성선
아래 몸판 겉감
(안)
1 박음질

위 몸판 겉감(안)
아래 몸판 겉감
(안)

접착퀼트심
몸판 겉감(안)

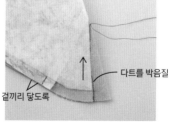

다트를 박음질
걸끼리 닿도록

① 재단한 위아래 몸판 겉감의 안에 완성선을 표시한다. 위아래를 겉 끼리 닿도록 맞춰서 박음질한다.

② 시접은 아래쪽으로 눕힌다.

③ 몸판 겉감의 안의 완성선에 맞춰 서 접착퀼트심을 붙인다.

④ 다트는 표시한 부분끼리 맞추고, 천 끝쪽부터 중심을 향해서 박음 질한다. 바느질 시작은 되돌아박기 를, 끝은 되돌아박기를 하지 않고 실 끝을 10cm 정도 남긴다.

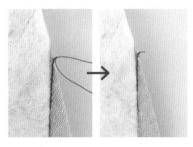

겉에서 본
모양

⑤ 남은 실은 묶은 다음 자른다. 같은 방법
으로 몸판 겉감을 한 장 더 만든다.

⑥ 다트의 시접은 한 장은 중심 쪽, 또 한 장은 바깥 쪽으로 눕힌다.

2 가방 겉을 만든다.

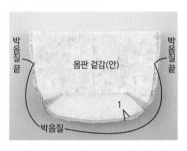

박음질 끝

몸판 겉감(안)

박음질 끝

1

박음질

① 몸판 겉감 2장을 겉끼리 닿도록 하여
박음질의 끝 부분부터 끝 부분까지
바느질한다.

point ◆◆
깔끔 포인트

1-⑥에서 다트의 시접 방
향을 바꿨기 때문에, 시접
이 서로 달라져서 두께가
줄어든다.

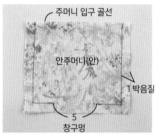

박음질 끝

② 시접은 가른다.

3 안주머니를 만든다.

주머니 입구 골선

안주머니(안)

1 박음질

5
창구멍

① 안주머니를 겉끼리 닿도록 반으
로 접고, 창구멍을 남기고 박음
질한다.

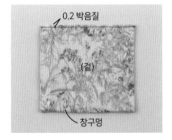

0.2 박음질

(겉)

창구멍

커트

② 시접의 모서리를 자른다.

③ 겉으로 뒤집어서 다림질로 모양
을 정리하고, 주머니 입구를 박
음질한다. 창구멍은 뚫려 있어도
된다.

4 가방의 안감을 만든다.

몸판 안감(겉)
8
0.2 박음질

① 몸판 안감 1장에 안주머니를 붙
인다.

몸판 안감(안)

1 박음질

② 가방 겉과 마찬가지로 몸판 안감
2장을 맞춰 박음질하고, 가방 안
을 만든다.(1-④~⑥, 2 참조)

5 가방 입구를 박는다.

0.3 시침질

가방 겉(겉)

끝 맞추기

박음질 끝

① 가방 겉을 겉으로 뒤집고, 안가방을 안끼리 닿도록 겹쳐서 넣어준다.
이때 안주머니를 뒤쪽에 오도록 한다. 겉, 안의 가방의 천 끝을 잘 맞
추고 박음질의 끝부분부터 가방의 입구를 돌려서 시침질한다.

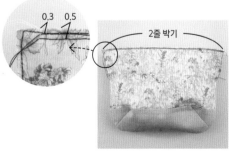

0.3 0.5

2줄 박기

② 가방 입구에 2줄로 박음질한다.

③ 실을 잡아당겨 주름을 잡고 가방
입구를 20cm로 만든다.

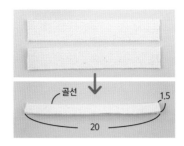

④ 20cm로 자른 테이프 2개를 준비하고, 길게 반으로 접어둔다.

⑤ 반으로 접어놓은 테이프에 가방 입구를 끼워서 임시 고정한다. 테이프가 접힌 부분에 가방 입구의 천 끝을 딱 맞춘다.

⑥ 테이프의 끝에서 0.3cm 되는 곳을 겉에서 박음질한다. 한 번에 박아야 하므로, 아래쪽 테이프 끝을 확인하면서 박음질한다.

6 손잡이를 단다.

⑦ 가방 입구에 테이프를 박음질한다. 남은 한 쪽도 마찬가지로 바느질한다.

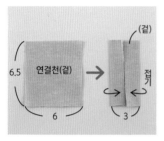

① 연결천을 사진과 같이 접어준다.

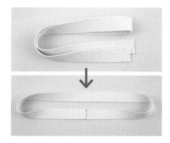

② 92cm의 테이프를 준비하고, 끝을 맞대고 지그재그로 박음질하여 고리를 만든다.

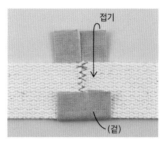

③ 테이프 끝을 가리도록 연결천을 포개어 접는다.

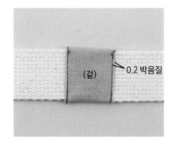

④ 연결천의 양끝을 박음질한다.

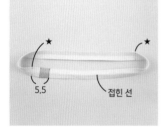

⑤ 테이프의 2등분 부분에 표시(★)한다. 연결천의 끝에서 5.5cm 떨어진 위치에 표시하고, 그곳에서 같은 거리에 한 번 더 표시한다. 테이프를 반으로 접어서 접힌선을 표시한다.

⑥ 가방천을 박음질 끝부터 v자로 크게 열어서 테이프의 표시(★)와 박음질 끝의 위치를 맞춘다. 테이프가 접힌 부분과 천의 끝을 딱 맞춘다. 연결천은 앞쪽으로 오게 한다.

⑦ 테이프를 반으로 접어서 임시로 고정한다. 박음질 끝 부분은 턱이 들어가지 않도록 잘 잡아준다.

⑧ 다른 쪽도 클립으로 고정하면 나머지 부분이 손잡이가 된다. 손잡이는 테이프를 반으로 접어놓은 상태로 임시고정한다.

⑨ 테이프의 끝에서 0.3cm 지점을 한 바퀴 돌려 꿰맨다(5-6 참조).

point ◆◆
깔끔 포인트
재봉틀로 겉에서 박음질하는 경우, 꿰매는 도중에 윗실이나 아래실이 없어지지 않도록 미리 실패를 확인한다.

완성

22
30

카드 지갑

완성 모습 ▶ p.60   난이도 ▶ 2

▢ ··· case

[재료]

코튼(노란색)···90×15cm
캔버스 10호(인디고)···25×15cm
바이어스테이프···12.7mm 폭×65cm

[완성 사이즈]

높이 20×폭 11cm

※몸판, 뒷면 주머니 실물 패턴 A – 【d】
※카드 주머니는 도안의 치수대로 마름질

[마름질과 치수]

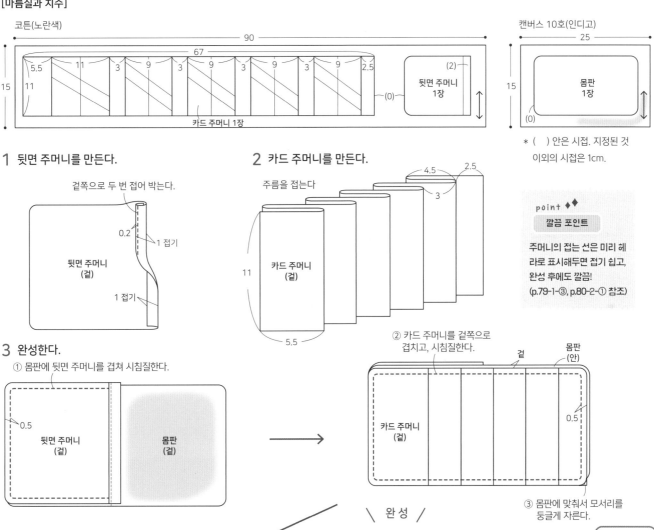

코튼(노란색)

90

67

5.5 11 3 9 3 9 3 9 3 9 2.5

15

11

(2)

뒷면 주머니
1장

(0)

카드 주머니 1장

캔버스 10호(인디고)

25

15

몸판
1장

(0)

* ( ) 안은 시접. 지정된 것
  이외의 시접은 1cm.

point ◆◆
깔끔 포인트

주머니의 접는 선은 미리 헤
라로 표시해두면 접기 쉽고,
완성 후에도 깔끔!
(p.79-1-③, p.80-2-① 참조)

1 뒷면 주머니를 만든다.

겉쪽으로 두 번 접어 박는다.

0.2
1 접기

뒷면 주머니
(겉)

1 접기

2 카드 주머니를 만든다.

주름을 접는다

4.5 2.5
3

11

카드 주머니
(겉)

5.5

3 완성한다.

① 몸판에 뒷면 주머니를 겹쳐 시침질한다.

0.5

뒷면 주머니
(겉)

몸판
(겉)

② 카드 주머니를 겉쪽으로
겹치고, 시침질한다.

겉

몸판
(안)

카드 주머니
(겉)

0.5

③ 몸판에 맞춰서 모서리를
둥글게 자른다.

바이어스테이프(안)

1 접기

카드
주머니
(겉)

0.6

④ 바이어스테이프를
겉끼리 닿도록 맞춰서
박는다.

\ 완성 /

0.2

11

뒷면 주머니
(겉)

⑤ 원단 끝을 둘러
박는다.

몸판
(겉)

(겉)

0.6

20

바이어스테이프
(겉)

에코백 A·B

외출할 때 있으면 편리한 에코백.
탄탄한 면이라면,
무거운 짐을 넣어도 문제 없지요.
접어서 안주머니에
컴팩트하게 수납할 수 있으니
가방과 함께 사용하세요.

Design & Make 아카미네 사야카

challenge
난이도
1 2 3 4 5

A 만드는 방법
▶ p.79

안주머니를 바깥쪽으로
꺼낸다.

안주머니 폭에 맞춰서
양옆을 안으로 접는다.

손잡이를 내린다.

아래쪽의 1/3을 접어올
린다.

한 번 더 접는다.

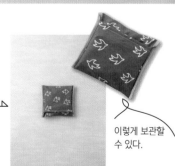

안주머니에 넣어주면
완성!

이렇게 보관할
수 있다.

에코백 A·B   완성 모습 ▶ p.78   난이도 ▶ 1   … eco bag

[재료]

A = 코튼(새 무늬 / 블루)…90×90cm
　　코튼(노란색)…35×50cm
B = 코튼(닻 무늬 / 그레이)…100×100cm
　　코튼(노란색)…37×55cm
※재봉실 30번, 재봉바늘 14호 사용

[완성 사이즈]

A = 높이 36×너비 31×옆면 폭 6.5cm
B = 높이 42×너비 36×옆면 폭 7.5cm

* 왼쪽(또는 위)부터 A, B의 치수
* ( ) 안은 시접. 지정된 것 이외의 시접은 1cm.

[마름질과 치수]

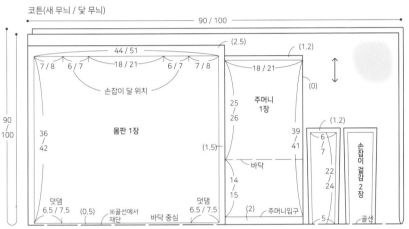
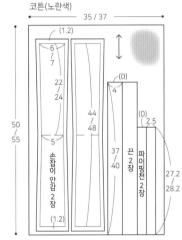

코튼(새 무늬 / 닻 무늬)
90 / 100
(2.5)　(1.2)
44 / 51
7 / 8　6 / 7　18 / 21　6 / 7　7 / 8
손잡이 달 위치
18 / 21
몸판 1장
주머니 1장
90 / 100
25 / 26
36 / 42
(0)
39 / 41
(1.5)
(1.2)
6 / 7
22 / 24
바닥
14 / 15
손잡이 걸감 2장
덧댐 6.5 / 7.5　(0.5)　※골선에서 재단　바닥 중심　덧댐 6.5 / 7.5
(2)　주머니입구
5　골선

코튼(노란색)
35 / 37
(1.2)
6 / 7
(0)
4
22 / 24
44 / 48
(0) 2.5
손잡이 안감 2장
5
37 / 40
끈 2장
파이핑천 2장
27.2 / 28.2
50 / 55
(1.2)

1 손잡이를 만든다.

※ 알아보기 쉽도록 천과 실을 바꾸어 사용했다.

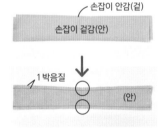

손잡이 안감(겉)
손잡이 겉감(안)
1박음질
(안)

① 겉감과 안감을 겉끼리 맞춰서 꿰매고, 중심을 표시한다.

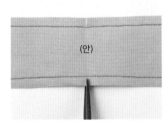

(안)

② 중심 표시에 깊이 0.8cm 정도의 가위집을 넣는다.

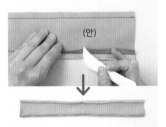

(안)

③ 헤라로 시접을 안쪽으로 눕힌다. 안감도 마찬가지로 눕힌다.

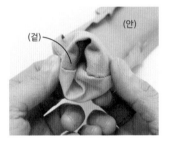

(겉)　(안)

④ 손잡이 끝을 3~4cm 정도 겉으로 접어 뒤집는다.

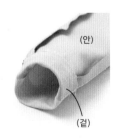

(안)
(겉)

⑤ 접어서 뒤집은 부분을 평평하게 정리한다.

⑥ 평평하게 만들면서 조금씩 잡아 빼길 반복한다.

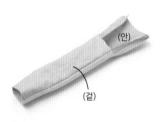

(안)
(겉)

⑦ 평평하게 뒤집은 중간 상태의 모습이다.

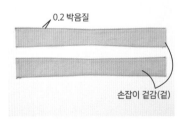

0.2 박음질
손잡이 겉감(겉)

⑧ 겉으로 뒤집어 양끝을 박음질한다. 같은 방법으로 2개를 만든다.

2 안주머니를 만든다.

① 안주머니 입구를 두 번 접는다.
먼저 헤라를 이용하여 1cm 위치
에 표시한다.

② ①에서 표시한 곳에 p.79-1-③
의 방법으로 접는다. 한 번 더
1cm를 접고 박음질한다.

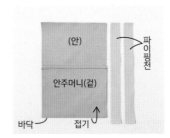

③ 안주머니의 바닥에서 안감끼리
닿도록 접어준다. 양끝의 시접
시작과 끝에 사용할 용도의 파이
핑천을 2개 준비한다.

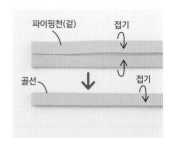

④ 파이핑천을 3번 접는다. 한쪽만
남기고, 접은 부분을 편다.

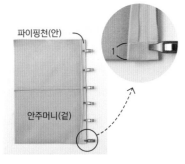

⑤ 파이핑천의 아래쪽 1cm를 접고,
안주머니와 겉끼리 닿도록 하여
천 끝이 딱 맞도록 맞춘다.

⑥ 파이핑천의 가장 바깥쪽
의 접은 선 위를 바느질
한다.

⑦ 안주머니의 천 끝을
감싸도록 파이핑천
을 접는다.

point ◆◆
깔끔 포인트
파이핑천의 아래쪽이 살
짝 나오도록 접으면 겉면
스티치를 넣을 때 솔기가
떨어지지 않는다.

⑧ 겉에서 박음질한다. 똑같
이 다른 쪽도 꿰매준다.

3 끈을 만든다.

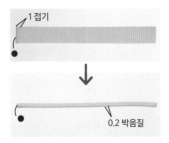

짧은 변(●)을 1cm 접고 박음질한다.
같은 방법으로 2개를 더 만든다.
(2-4 참조)

4 몸판을 만든다.

① 몸판의 가방 입구를 1.2cm씩 2번
접는다. 가방 입구의 시접은 2.5cm,
여분으로 0.1cm를 잡는다.

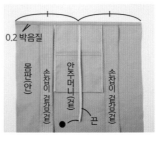

③ 가방 입구에 두 번 접은 손잡이
(마름질과 치수 참조), 안주머니,
끈을 끼워서 꿰맨다.

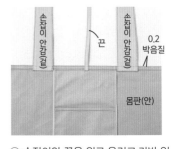

④ 손잡이와 끈을 위로 올리고 가방 입
구 끝을 박음질한다. 같은 방법으로
안주머니 없는 쪽도 바느질한다.

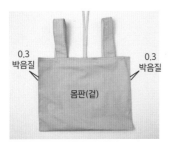

⑤ 몸판을 바느질한다. 안끼리 닿도
록 맞춰서 양옆을 박음질한다.

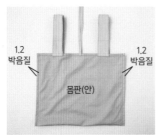

⑥ 몸판을 안으로 뒤집어 겉끼리 닿
도록 한다. 시접을 다림질로 정
리하고 양옆을 박음질한다.

⑦ 옆면 바닥을 박음질한다. 바닥의
치수를 확인하고, 똑같이 접어서
바닥을 꿰매고 겉으로 뒤집는다.

완성

배낭용 백 in 백   완성 모습 ▶ p.66   난이도 ▶ 4

··· *bag in bag*

[재료]

캐주얼 나일론 ···125×70cm
메쉬(망사)···30×15cm
능직테이프···2cm 폭×65cm
둥근 고무줄···지름 3mm×27cm
지퍼 3호···25cm×1개
개고리···지름 10mm×1개
바닥판···두께 1.5mm×50×30.5cm

[완성 사이즈]

높이 32×가로 27×바닥 폭 9cm

※몸판 뒷면, 윗 몸판 앞면 실물 패턴 B -【j】
※그 외에는 도안의 치수대로 마름질

[마름질과 치수]

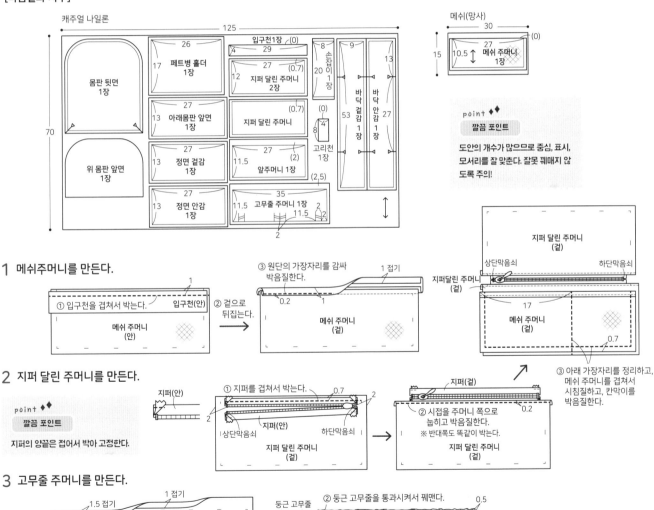

point ◆◆
깔끔 포인트

도안의 개수가 많으므로 중심, 표시,
모서리를 잘 맞춘다. 잘못 꿰매지 않
도록 주의!

1 메쉬주머니를 만든다.

① 입구천을 겹쳐서 박는다.
② 겉으로 뒤집는다.
③ 원단의 가장자리를 감싸 박음질한다.
③ 아래 가장자리를 정리하고, 메쉬 주머니를 겹쳐서 시침질하고, 칸막이를 박음질한다.

2 지퍼 달린 주머니를 만든다.

point ◆◆
깔끔 포인트

지퍼의 양끝은 접어서 박아 고정한다.

① 지퍼를 겹쳐서 박는다.
② 시접을 주머니 쪽으로 눕히고 박음질한다.
※ 반대폭도 똑같이 박는다.

3 고무줄 주머니를 만든다.

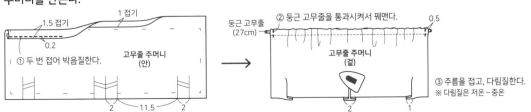

① 두 번 접어 박음질한다.
② 둥근 고무줄을 통과시켜서 꿰맨다.
③ 주름을 접고, 다림질한다.
※ 다림질은 저온~중온

4 페트병 홀더를 만든다.

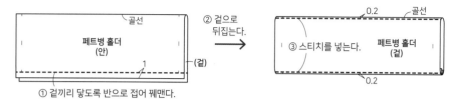

골선
페트병 홀더
(안)
1
(겉)
① 겉끼리 닿도록 반으로 접어 꿰맨다.

② 겉으로 뒤집는다. →

0.2
골선
③ 스티치를 넣는다.
페트병 홀더
(겉)
0.2

5 손잡이를 만든다.

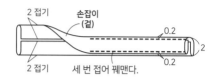

2 접기
손잡이
(겉)
0.2
2 접기
2
2 접기
세 번 접어 꿰맨다.
0.2

6 고리 장식을 만든다.

고리 장식천
(겉)
1
0.2
세 번 접어 꿰맨다.

7 앞주머니를 만든다.

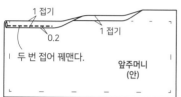

1 접기
1 접기
0.2
두 번 접어 꿰맨다.
앞주머니
(안)

8 정면을 만든다.

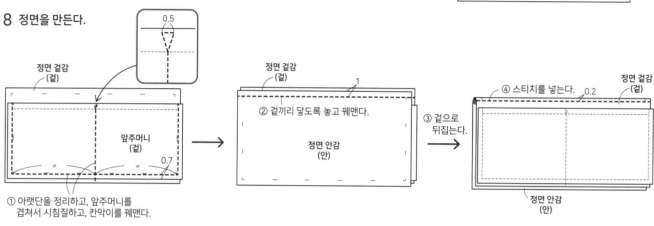

0.5

정면 겉감
(겉)
앞주머니
(겉)
0.7
① 아랫단을 정리하고, 앞주머니를 겹쳐서 시침질하고, 칸막이를 꿰맨다.

정면 겉감
(겉)
1
② 겉끼리 닿도록 놓고 꿰맨다.
정면 안감
(안)

③ 겉으로 뒤집는다.

④ 스티치를 넣는다.
0.2
정면 겉감
(겉)
정면 안감
(안)

9 바닥을 만든다.

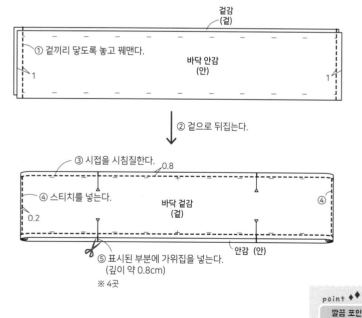

겉감
(겉)
① 겉끼리 닿도록 놓고 꿰맨다.
바닥 안감
(안)
1
1

② 겉으로 뒤집는다.

③ 시접을 시침질한다.
0.8
④ 스티치를 넣는다.
바닥 겉감
(겉)
④
0.2
안감 (안)
⑤ 표시된 부분에 가위집을 넣는다.
(깊이 약 0.8cm)
※ 4곳

10 정면과 바닥을 맞춰서 꿰맨다.

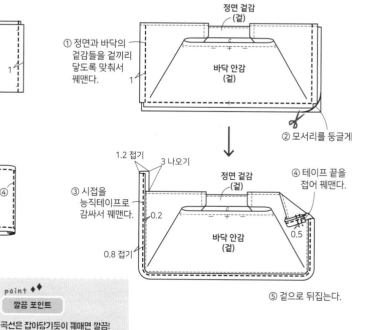

정면 겉감
(겉)
① 정면과 바닥의 겉감들을 겉끼리 닿도록 맞춰서 꿰맨다.
바닥 안감
(겉)
1
② 모서리를 둥글게

1.2 접기
3 나오기
정면 겉감
(겉)
④ 테이프 끝을 접어 꿰맨다.
③ 시접을 능직테이프로 감싸서 꿰맨다.
0.2
바닥 안감
(겉)
0.5
0.8 접기
⑤ 겉으로 뒤집는다.

point ◆◆
깔끔 포인트
곡선은 잡아당기듯이 꿰매면 깔끔!

11 몸판 정면을 만든다.

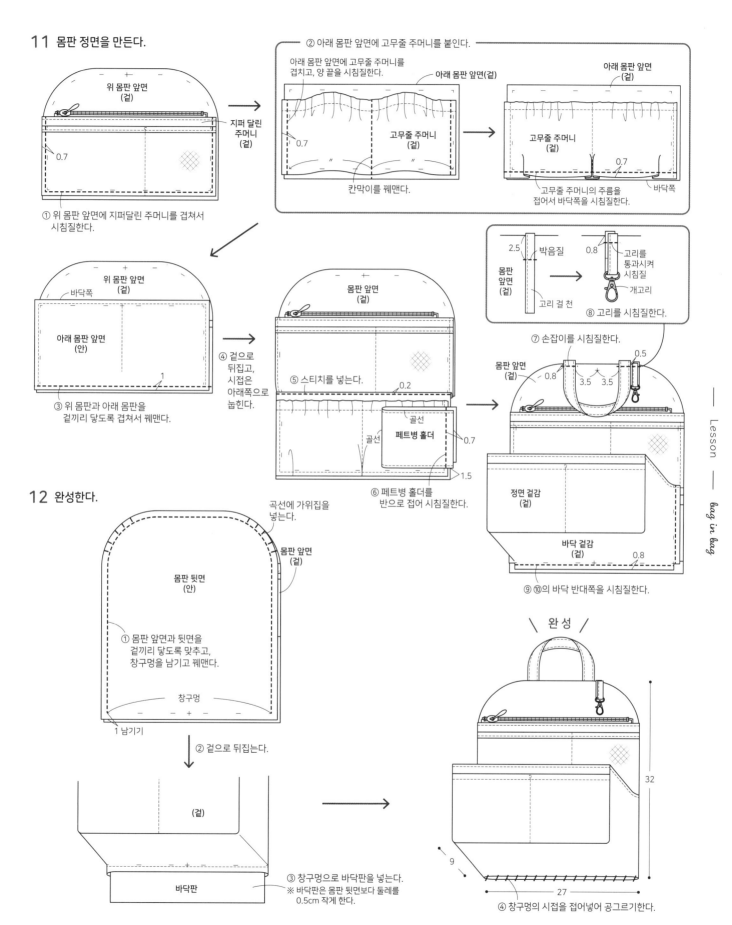

① 위 몸판 앞면에 지퍼달린 주머니를 겹쳐서 시침질한다.

② 아래 몸판 앞면에 고무줄 주머니를 붙인다.

아래 몸판 앞면에 고무줄 주머니를 겹치고, 양 끝을 시침질한다.

칸막이를 꿰맨다.

고무줄 주머니의 주름을 접어서 바닥쪽을 시침질한다.

③ 위 몸판과 아래 몸판을 겉끼리 닿도록 겹쳐서 꿰맨다.

④ 겉으로 뒤집고, 시접은 아래쪽으로 눕힌다.

⑤ 스티치를 넣는다.

⑥ 페트병 홀더를 반으로 접어 시침질한다.

⑦ 손잡이를 시침질한다.

⑧ 고리를 시침질한다.

⑨ ⑩의 바닥 반대쪽을 시침질한다.

12 완성한다.

① 몸판 앞면과 뒷면을 겉끼리 닿도록 맞추고, 창구멍을 남기고 꿰맨다.

곡선에 가위집을 넣는다.

1 남기기

② 겉으로 뒤집는다.

③ 창구멍으로 바닥판을 넣는다.
※ 바닥판은 몸판 뒷면보다 둘레를 0.5cm 작게 한다.

④ 창구멍의 시접을 접어넣어 공그르기한다.

\ 완 성 /

배낭 A

완성 모습 ▶ p.64　　난이도 ▶ 4

 … rucksack

[재료]

캔버스천(민트)…90×100cm
인조가죽(그레이)…75×30cm
컬러테이프(검정)…2.5cm 폭×220cm
능직테이프…2cm 폭×280cm
지퍼…60cm(양쪽 열림) ×1개
지퍼…25cm×1개
사각링　앤틱골드 …지름25mm×2개
이동링　앤틱골드 …지름25mm×2개

[완성 사이즈]

높이 40×가로 30×바닥 폭 13.5cm

※몸판 실물 패턴 B - 【h】
※그 외에는 도안의 치수대로 마름질

[마름질과 치수]

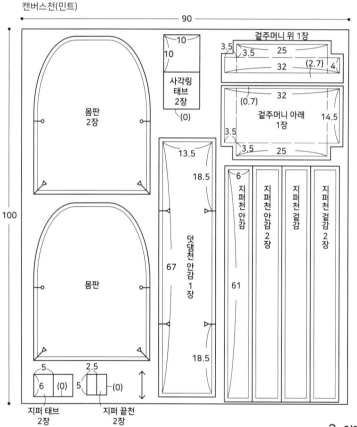

* ( ) 안은 시접. 지정된 것 이외의 시접은 1cm.

1 손잡이를 만든다.

컬러테이프를 반으로 접어 꿰맨다.

2 사각링 태브를 만든다.

① 대각선으로 반 접는다.
② 다시 반으로 접는다.
③ 컬러테이프에 사각링을 통과시켜 끼워 꿰맨다.
※ 2개 만들기

3 어깨끈을 만든다.

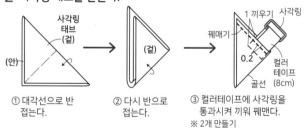

① 컬러테이프에 조리개를 통과시켜 꿰맨다.

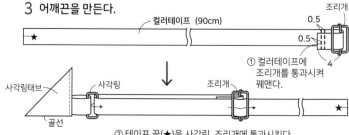

② 테이프 끝(★)을 사각링, 조리개에 통과시킨다.
※대칭으로 2개 만든다.

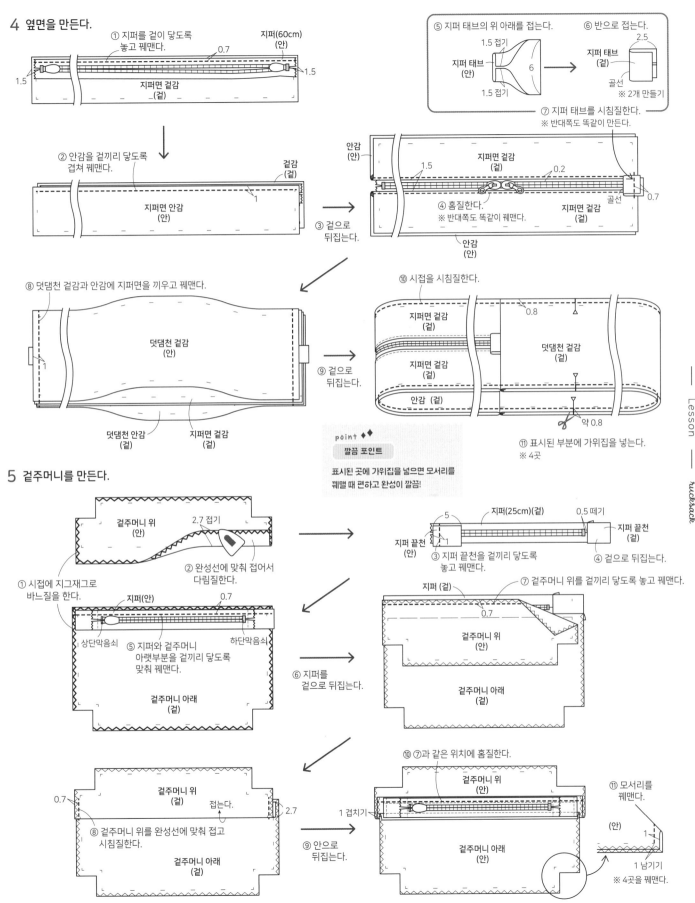

4 옆면을 만든다.

① 지퍼를 겉이 닿도록 놓고 꿰맨다.

지퍼(60cm) (안)

0.7

1.5

1.5

지퍼면 겉감 (겉)

⑤ 지퍼 태브의 위 아래를 접는다.

1.5 접기

지퍼 태브 (안)

6

1.5 접기

⑥ 반으로 접는다.

2.5

지퍼 태브 (겉)

골선

※ 2개 만들기

② 안감을 겉끼리 닿도록 겹쳐 꿰맨다.

겉감 (겉)

1

지퍼면 안감 (안)

③ 겉으로 뒤집는다.

⑦ 지퍼 태브를 시침질한다.
※ 반대쪽도 똑같이 만든다.

안감 (안)

지퍼면 겉감 (겉)

1.5

0.2

0.7

지퍼면 겉감 (겉)

골선

④ 홈질한다.
※ 반대쪽도 똑같이 꿰맨다.

안감 (안)

⑧ 덧댐천 겉감과 안감에 지퍼면을 끼우고 꿰맨다.

덧댐천 겉감 (안)

1

덧댐천 안감 (겉)

지퍼면 겉감 (겉)

⑨ 겉으로 뒤집는다.

⑩ 시접을 시침질한다.

지퍼면 겉감 (겉)

0.8

지퍼면 겉감 (겉)

덧댐천 겉감 (겉)

안감 (겉)

약 0.8

⑪ 표시된 부분에 가위집을 넣는다.
※ 4곳

point ◆◆
깔끔 포인트

표시된 곳에 가위집을 넣으면 모서리를 꿰맬 때 편하고 완성이 깔끔!

5 겉주머니를 만든다.

겉주머니 위 (안)

2.7 접기

① 시접에 지그재그로 바느질을 한다.

② 완성선에 맞춰 접어서 다림질한다.

지퍼(25cm)(겉)

0.5 떼기

5

지퍼 끝천 (안)

1

지퍼 끝천 (겉)

③ 지퍼 끝천을 겉끼리 닿도록 놓고 꿰맨다.

④ 겉으로 뒤집는다.

지퍼(안)

0.7

상단막음쇠

하단막음쇠

⑤ 지퍼와 겉주머니 아랫부분을 겉끼리 닿도록 맞춰 꿰맨다.

겉주머니 아래 (겉)

⑥ 지퍼를 겉으로 뒤집는다.

⑦ 겉주머니 위를 겉끼리 닿도록 놓고 꿰맨다.

지퍼 (겉)

0.7

겉주머니 위 (안)

겉주머니 아래 (겉)

겉주머니 위 (겉)

0.7

접는다.

2.7

⑧ 겉주머니 위를 완성선에 맞춰 접고 시침질한다.

겉주머니 아래 (겉)

⑨ 안으로 뒤집는다.

⑩ ⑦과 같은 위치에 홈질한다.

겉주머니 위 (안)

1 겹치기

겉주머니 아래 (안)

⑪ 모서리를 꿰맨다.

(안)

1

1 남기기

※ 4곳을 꿰맨다.

6 몸판을 만든다.

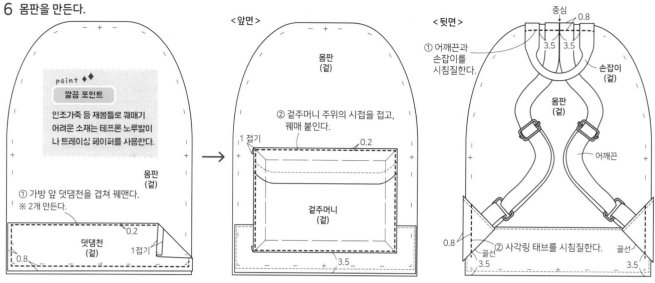

point ♦◆
깔끔 포인트
인조가죽 등 재봉틀로 꿰매기
어려운 소재는 테프론 노루발이
나 트레이싱 페이퍼를 사용한다.

몸판
(겉)

① 가방 앞 덧댐천을 겹쳐 꿰맨다.
※ 2개 만든다.

0.2
덧댐천
(겉)
0.8
1접기

<앞면>

몸판
(겉)

② 겉주머니 주위의 시접을 접고,
꿰매 붙인다.

1 접기
0.2
겉주머니
(겉)
3.5

<뒷면>

중심
0.8
① 어깨끈과
손잡이를
시침질한다.
3.5 3.5
손잡이
(겉)
몸판
(겉)
어깨끈
0.8
골선
3.5
② 사각링 태브를 시침질한다.
골선
3.5

7 완성한다.

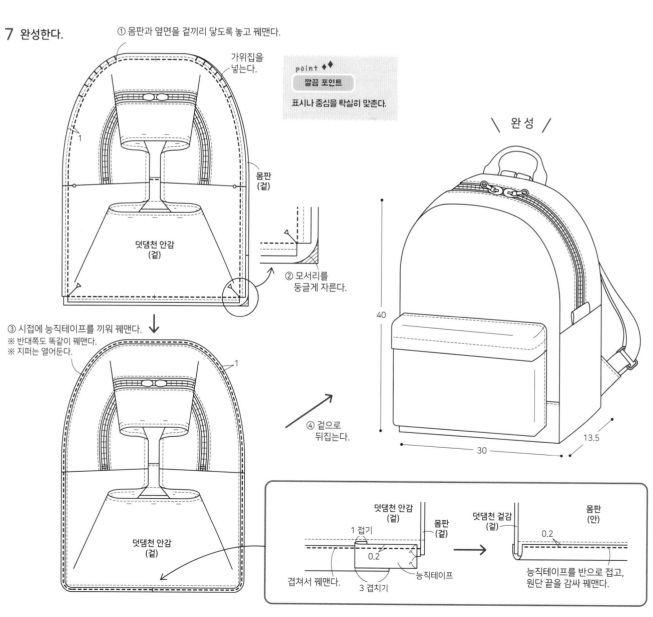

① 몸판과 옆면을 겉끼리 닿도록 놓고 꿰맨다.

가위집을
넣는다.

1

몸판
(겉)

덧댐천 안감
(겉)

② 모서리를
둥글게 자른다.

point ♦◆
깔끔 포인트
표시나 중심을 확실히 맞춘다.

\ 완성 /

40
30
13.5

③ 시접에 능직테이프를 끼워 꿰맨다.
※ 반대쪽도 똑같이 꿰맨다.
※ 지퍼는 열어둔다.

1

덧댐천 안감
(겉)

④ 겉으로
뒤집는다.

덧댐천 안감
(겉)
몸판
(겉)
1 접기
0.2
겹쳐서 꿰맨다.
3 겹치기
능직테이프

덧댐천 겉감
(겉)
몸판
(안)
0.2
능직테이프를 반으로 접고,
원단 끝을 감싸 꿰맨다.

배낭 B

완성 모습 ▶ p.65   난이도 ▶ 5

··· *rucksack*

[재료]

캐주얼 나일론···130×160cm
접착퀼트심(단면접착/단단한 타입)···40×50cm
컬러테이프(검정)···2.5cm 폭×140cm
능직테이프···2cm 폭×280cm
둥근 고무줄(검정)···지름 약 3mm×80cm
지퍼 3호(검정)···25cm×1개
지퍼 3호(검정)···20cm×1개
지퍼 5호(검정)···60cm×1개
지퍼 장식(검정)···1개
플라스틱 사각링(검정)···지름 25mm×2개
플라스틱 조절장치(검정)···지름 25mm×2개

코드 스토퍼 2개코드 연결(검정)···2개
단면 아일렛 앤틱골드···지름 4mm×4쌍
단면 아일렛 뚫기 도구···지름 4mm×1쌍
둥근링···지름 8mm×1개

[완성 사이즈]

높이 40×가로 30×바닥 폭 13.5cm

※몸판 겉감, 안감, 안주머니(대), 어깨면 겉감, 안감, 지퍼 실물 패턴 B-【i】
※그 외에는 도안의 치수대로 마름질

[마름질과 치수]

캐주얼 나일론

point ♦♦
깔끔 포인트
나일론은 열에 약하므로 다리미 온도는 저온~중온으로 맞춘다.

* ( ) 안은 시접. 지정된 것 이외의 시접은 1cm.
* ▭ 안에는 접착퀼트심을 붙인다.

1 손잡이를 만든다. → p.84-1 참조

2 사각링을 만든다. → p.84-2 참조

3 어깨끈을 만든다.

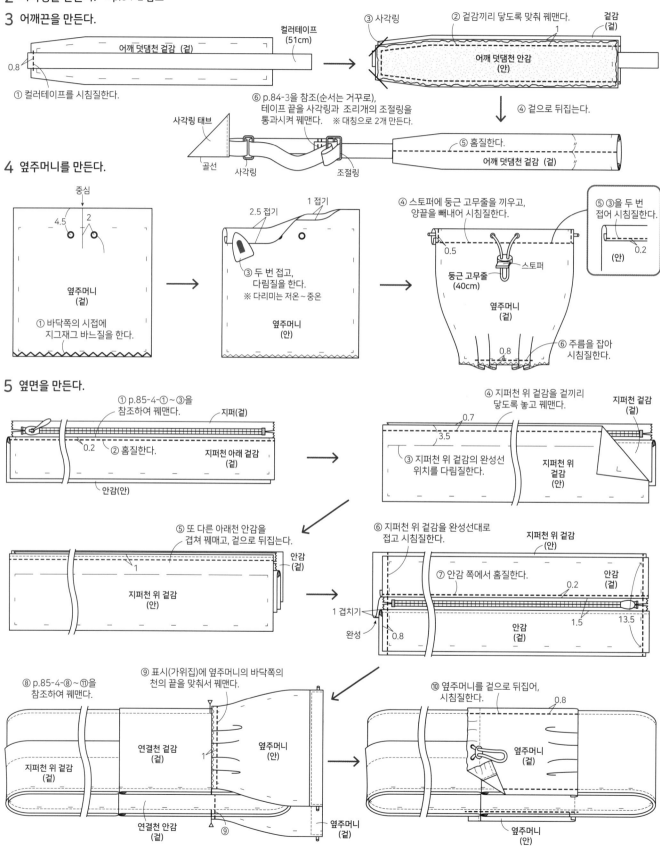

0.8

① 컬러테이프를 시침질한다.

어깨 덧댐천 겉감 (겉)

컬러테이프
(51cm)

③ 사각링

② 겉감끼리 닿도록 맞춰 꿰맨다.

겉감
(겉)

1

어깨 덧댐천 안감
(안)

④ 겉으로 뒤집는다.

⑥ p.84-3을 참조(순서는 거꾸로),
테이프 끝을 사각링과
조리개의 조절링을
통과시켜 꿰맨다. ※ 대칭으로 2개 만든다.

사각링 태브

골선   사각링   조절링

⑤ 홈질한다.

어깨 덧댐천 겉감 (겉)

4 옆주머니를 만든다.

중심

4.5   2

옆주머니
(겉)

① 바닥쪽의 시접에
지그재그 바느질을 한다.

2.5 접기

1 접기

③ 두 번 접고,
다림질을 한다.
※ 다리미는 저온~중온

옆주머니
(안)

④ 스토퍼에 둥근 고무줄을 끼우고,
양끝을 빼내어 시침질한다.

0.5

둥근 고무줄
(40cm)

스토퍼

옆주머니
(겉)

0.8

⑥ 주름을 잡아
시침질한다.

⑤ ③을 두 번
접어 시침질한다.

0.2

(안)

5 옆면을 만든다.

① p.85-4-①~③을
참조하여 꿰맨다.

지퍼(겉)

0.2 ② 홈질한다.

안감(안)

지퍼천 아래 겉감
(겉)

④ 지퍼천 위 겉감을 겉끼리
닿도록 놓고 꿰맨다.

지퍼천 겉감
(겉)

0.7

3.5

③ 지퍼천 위 겉감의 완성선
위치를 다림질한다.

지퍼천 위
겉감
(안)

⑤ 또 다른 아래천 안감을
겹쳐 꿰매고, 겉으로 뒤집는다.

안감
(겉)

1

지퍼천 위 겉감
(안)

⑥ 지퍼천 위 겉감을 완성선대로
접고 시침질한다.

지퍼천 위 겉감
(안)

⑦ 안감 쪽에서 홈질한다.

안감
(겉)

0.2

1 겹치기

완성

0.8

1.5   13.5

안감
(겉)

⑧ p.85-4-⑧~⑪을
참조하여 꿰맨다.

⑨ 표시(가위집)에 옆주머니의 바닥쪽의
천의 끝을 맞춰서 꿰맨다.

지퍼천 위 겉감
(겉)

연결천 겉감
(겉)

1

옆주머니
(안)

연결천 안감
(겉)

⑨

옆주머니
(겉)

⑩ 옆주머니를 겉으로 뒤집어,
시침질한다.

0.8

옆주머니
(겉)

옆주머니
(겉)

옆주머니
(안)

6 겉주머니를 만든다. → p.85-5 참조

7 안주머니를 만든다.

1.5 접기
0.2
1.5 접기

① 두 번 접어서 꿰맨다.
※ 안주머니(대)도 똑같이 꿰맨다.

안주머니(소)
(안)

안주머니(대)
(겉)

0.5

② 안주머니(대)에
안주머니(소)를 겹쳐
칸막이를 꿰맨다.

안주머니 소
(겉)

8 몸판을 만든다.

< 앞면 >

몸판 겉감
(겉)

안감
(안)

① p.86-6-①, ②를
참조하여 꿰맨다.
② 안감을 안끼리
닿도록 놓고 시침질한다.

0.8

①

겉주머니
(겉)

가방 앞 덧댐천 (겉)

< 뒷면 >

지퍼 안단
(안)

② 지그재그
바느질을 한다.

③ 몸판과 지퍼 안단을
겉끼리 닿도록 맞춰 꿰맨다.

0.7

④ 시접을
두고 자른다.

⑤ 모서리에
가위집을 낸다.

① 완성선을 그린다.

지퍼 안단
(안)

몸판 겉감
(겉)

몸판 겉감
(안)

지퍼 안단
(겉)

⑥ 안단을 겉으로
뒤집어 꿰맨다.

0.5

몸판 겉감
(겉)

0.5
상단막음쇠

지퍼
(겉)

1.7

0.2

⑦ 지퍼(20cm)를
안에서 겹쳐서
ㄷ자로 꿰맨다.

하단막음쇠

0.5

9 완성한다. → p.86-7 참조

완성

3.5 3.5

지퍼 위쪽 천

지퍼
아래쪽 천

지퍼 장식을 둥근링으로
달아준다.

지퍼장식

둥근링

40

30

13.5

몸판 겉감
(안)

안주머니
(겉)

⑧ 안에 안주머니를
겹쳐 시침질한다.

0.8

Lesson — rucksack

비즈니스백 완성 모습 ▶ p.65 난이도 ▶ 4

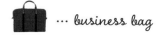 ⋯ business bag

[재료]

10호 캔버스천(파라핀 가공/짙은 네이비)⋯112cm 폭×70cm
11호 캔버스천(검정)⋯75×35cm
두꺼운 코튼(실버그레이)⋯112cm 폭×100cm
접착퀼트심⋯50×55cm
지퍼 5호(검정)⋯60cm×1개
D링⋯지름 20mm×2개
가죽손잡이(검정/박는 도구 포함)⋯약 2~2.5cm 폭×길이 약 40cm×1쌍
징(앤틱골드)⋯지름 13mm×2쌍(凹 2개, 凸 1개 사용)

[완성 사이즈]

높이 28×가로 40×바닥 폭 9cm

※측면 겉감, 안감, 겉주머니, 뒤쪽 안주머니
　실물 패턴 A − 【e】
※그 외에는 도안의 치수대로 마름질

[마름질과 치수]

10호 캔버스천(파라핀가공/짙은 네이비)

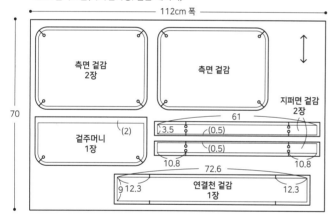

11호 캔버스천(검정)

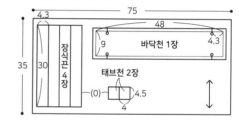

코튼(실버그레이)

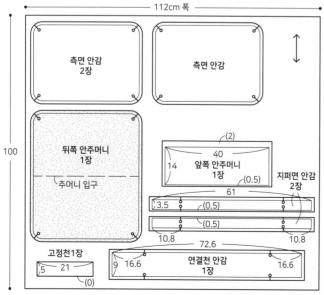

* ( ) 안은 시접. 지정된 것 이외의 시접은 1cm.
* ▨ 안에는 접착퀼트심을 붙인다.
* 재봉틀 실 30번, 재봉틀 바늘 14호 사용.

1 겉주머니를 만든다.

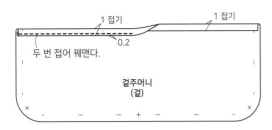

1 접기   1 접기
0.2
두 번 접어 꿰맨다.
겉주머니
(겉)

2 안주머니를 만든다.

< 앞쪽 안주머니 >

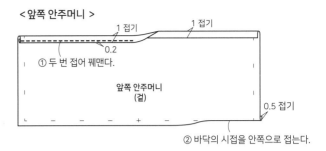

1 접기   1 접기
0.2
① 두 번 접어 꿰맨다.
앞쪽 안주머니
(겉)
0.5 접기
② 바닥의 시접을 안쪽으로 접는다.

< 뒤쪽 안주머니 >

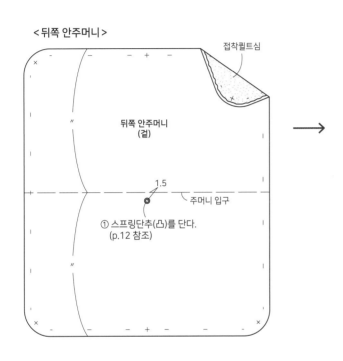

접착퀼트심
뒤쪽 안주머니
(겉)
1.5
주머니 입구
① 스프링단추(凸)를 단다.
(p.12 참조)

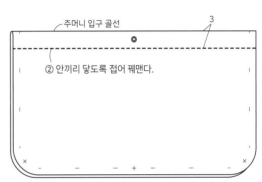

주머니 입구 골선   3
② 안끼리 닿도록 접어 꿰맨다.

3 장식띠를 만든다.

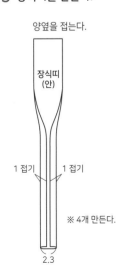

양옆을 접는다.
장식띠
(안)
1 접기   1 접기
※ 4개 만든다.
2.3

4 태브를 만든다.

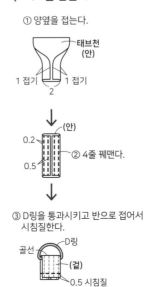

① 양옆을 접는다.
태브천
(안)
1 접기 1 접기
2

(안)
0.2
0.5
② 4줄 꿰맨다.

③ D링을 통과시키고 반으로 접어서
시침질한다.
골선   D링
(겉)
0.5 시침질
※ 2개 만든다.

5 고정천을 만든다.

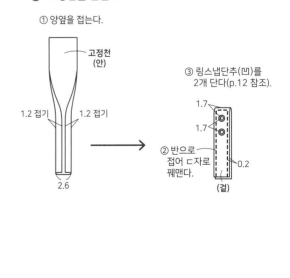

① 양옆을 접는다.
고정천
(안)
1.2 접기   1.2 접기
2.6

③ 링스냅단추(凹)를
2개 단다(p.12 참조).
1.7
1.7
② 반으로
접어 ㄷ자로
꿰맨다.
0.2
(겉)

6 겉쪽면을 만든다.

< 앞 >

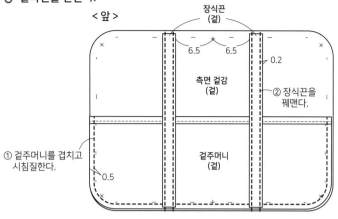

장식끈
(겉)

6.5 6.5

0.2

측면 겉감
(겉)

② 장식끈을
꿰맨다.

① 겉주머니를 겹치고
시침질한다.

0.5

겉주머니
(겉)

< 뒤 >

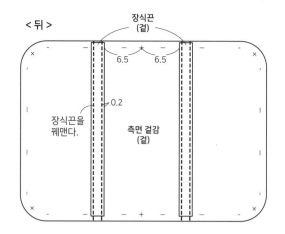

장식끈
(겉)

6.5 6.5

0.2

장식끈을
꿰맨다.

측면 겉감
(겉)

7 옆면을 만든다.

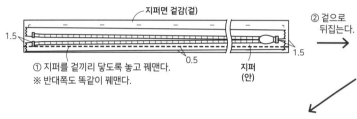

지퍼면 겉감(겉)

1.5

0.5

1.5

지퍼
(안)

① 지퍼를 겉끼리 닿도록 놓고 꿰맨다.
※ 반대쪽도 똑같이 꿰맨다.

② 겉으로
뒤집는다.

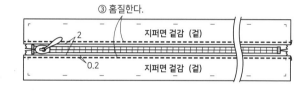

③ 홈질한다.

지퍼면 겉감 (겉)

2

0.2

지퍼면 겉감 (겉)

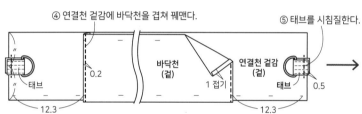

④ 연결천 겉감에 바닥천을 겹쳐 꿰맨다.

⑤ 태브를 시침질한다.

태브

0.2

바닥천
(겉)

1 접기

연결천 겉감
(겉)

태브

0.5

12.3

12.3

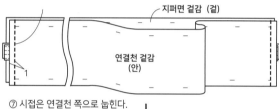

⑥ 지퍼면 겉감과 연결천 겉감을 겉끼리 닿도록 맞춰 꿰맨다.

지퍼면 겉감 (겉)

연결천 겉감
(안)

1

⑦ 시접은 연결천 쪽으로 눕힌다.

⑧ 겉으로 뒤집는다.

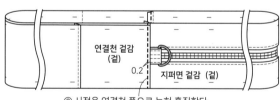

연결천 겉감
(겉)

0.2

지퍼면 겉감 (겉)

⑨ 시접을 연결천 쪽으로 눕혀 홈질한다.

8 가방의 겉부분을 만든다.

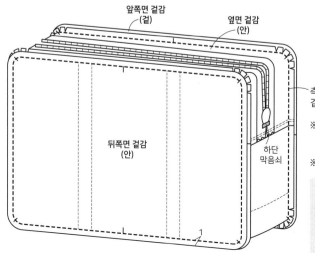

앞쪽면 겉감
(겉)

옆면 겉감
(안)

뒤쪽면 겉감
(안)

하단
막음쇠

1

측면 겉감과 옆면 겉감을
겉끼리 닿도록 맞춰 꿰맨다.

※ 옆면은 표시한 부분부터
양쪽으로 1.5cm 부분까지
가위집을 넣는다.
※ 지퍼는 열어둔다.

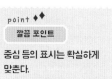

표시

1.5 1.5

시접

0.8

곡선으로 돌아가는
부분에 가위집 넣기

point ♦♦

깔끔 포인트

중심 등의 표시는 확실하게
맞춘다.

9 안쪽면을 만든다.

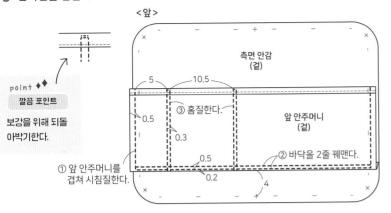

<앞>

측면 안감
(겉)

5   10.5

0.5   ③ 홈질한다.

앞 안주머니
(겉)

0.3

0.5

0.2   ② 바닥을 2줄 꿰맨다.

4

① 앞 안주머니를
겹쳐 시침질한다.

point ♦♦
깔끔 포인트

보강을 위해 되돌
아박기한다.

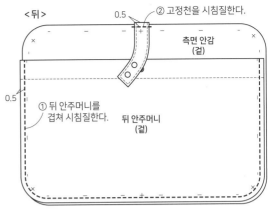

<뒤>

0.5   ② 고정천을 시침질한다.

측면 안감
(겉)

0.5

① 뒤 안주머니를
겹쳐 시침질한다.

뒤 안주머니
(겉)

10 안쪽 옆면을 만든다.

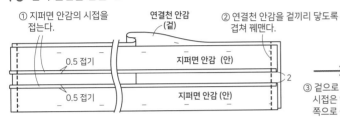

① 지퍼면 안감의 시접을
접는다.

연결천 안감
(겉)

② 연결천 안감을 겉끼리 닿도록
겹쳐 꿰맨다.

0.5 접기

지퍼면 안감 (안)

0.5 접기

지퍼면 안감 (안)

2

③ 겉으로 뒤집고,
시접은 연결천
쪽으로 눕힌다.

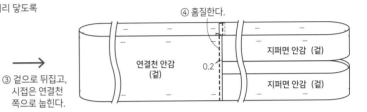

④ 홈질한다.

연결천 안감
(겉)

0.2

지퍼면 안감 (겉)

지퍼면 안감 (겉)

11 가방 안 부분을 만든다.

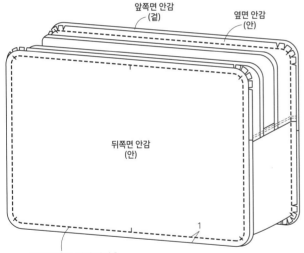

앞쪽면 안감
(겉)

옆면 안감
(안)

뒤쪽면 안감
(안)

1

측면 안감과 옆면 안감을
겉끼리 닿도록 맞춰 꿰맨다.

※ 옆은 표시를 가운데 놓고 양쪽 1.5cm 되는 부분까지
가위집을 넣는다.(p.92-8 참조)

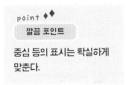

point ♦♦
깔끔 포인트

중심 등의 표시는 확실하게
맞춘다.

12 완성한다.

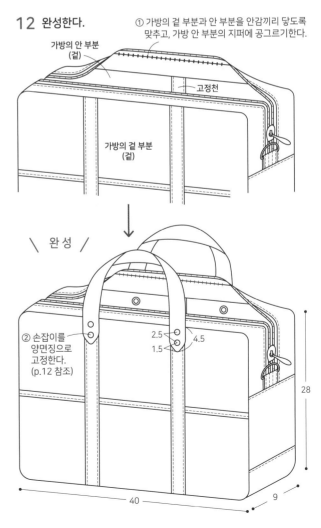

① 가방의 겉 부분과 안 부분을 안감끼리 닿도록
맞추고, 가방 안 부분의 지퍼에 공그르기한다.

가방의 안 부분
(겉)

고정천

가방의 겉 부분
(겉)

\ 완 성 /

② 손잡이를
양면징으로
고정한다.
(p.12 참조)

2.5   4.5
1.5

28

40   9

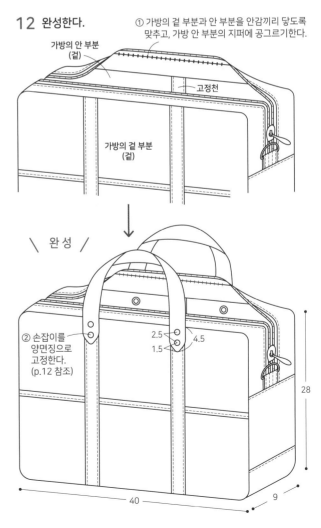

마르쉐백   완성 모습 ▶ p.73   난이도 ▶ 1

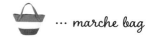

… marche bag

[재료]

캔버스천(파스텔 블루)…40×20cm

캔버스천(파스텔 화이트)…40×20cm

캔버스천(파스텔 바이올렛)_…55×20cm

코튼(무늬 있는 것)…80×45cm

접착심…20×15cm

가죽손잡이 구멍 6개…2cm 폭×44cm 길이×1쌍

[완성 사이즈]

높이 21×바닥 너비 18·입구 너비 36×바닥 폭 14cm

※측면 겉감, 안감, 겉주머니, 뒤쪽 안주머니
  실물 패턴 B –【g】

[마름질과 치수]

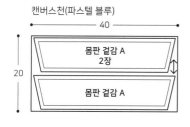

캔버스천(파스텔 블루)

40

20

몸판 겉감 A
2장

몸판 겉감 A

캔버스천(파스텔 화이트)

40

20

몸판 겉감 B
2장

몸판 겉감 B

캔버스천(바이올렛)

55

20

몸판 겉감 C
2장

몸판 겉감 C

바닥 겉감
1장

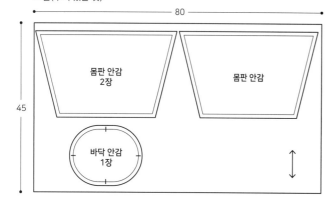

코튼(무늬 있는 것)

80

45

몸판 안감
2장

몸판 안감

바닥 안감
1장

* 시접은 1cm.

* ▨ 안에는 접착심을 붙인다.

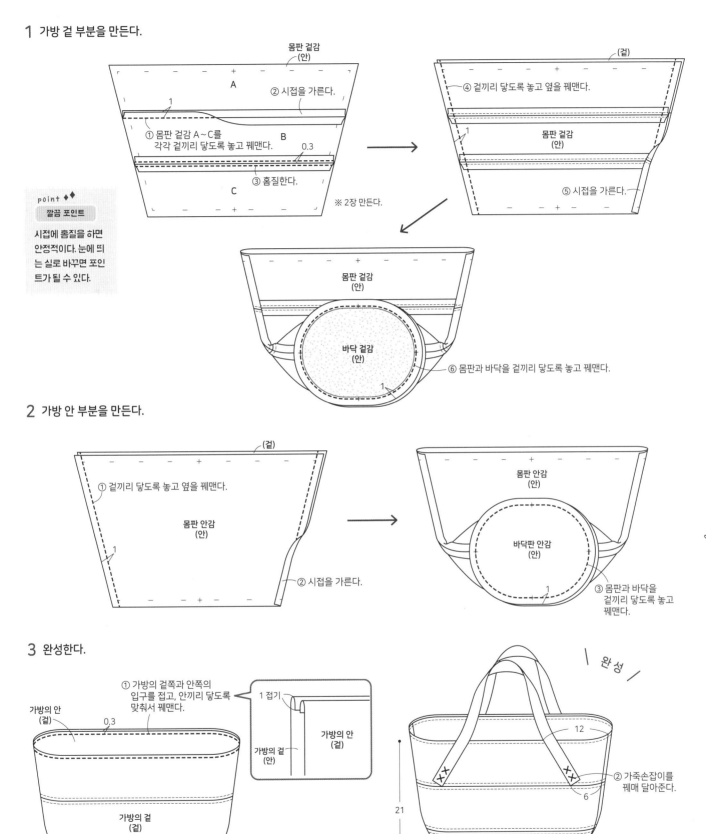

1 가방 겉 부분을 만든다.

몸판 겉감
(안)

A

② 시접을 가른다.

1

① 몸판 겉감 A~C를
각각 겉끼리 닿도록 놓고 꿰맨다.

B

0.3

③ 홈질한다.

C

※ 2장 만든다.

point ◆◆
깔끔 포인트

시접에 홈질을 하면
안정적이다. 눈에 띄
는 실로 바꾸면 포인
트가 될 수 있다.

(겉)

④ 겉끼리 닿도록 놓고 옆을 꿰맨다.

몸판 겉감
(안)

1

⑤ 시접을 가른다.

몸판 겉감
(안)

바닥 겉감
(안)

⑥ 몸판과 바닥을 겉끼리 닿도록 놓고 꿰맨다.

1

2 가방 안 부분을 만든다.

(겉)

① 겉끼리 닿도록 놓고 옆을 꿰맨다.

몸판 안감
(안)

1

② 시접을 가른다.

몸판 안감
(안)

바닥판 안감
(안)

③ 몸판과 바닥을
겉끼리 닿도록 놓고
꿰맨다.

1

3 완성한다.

가방의 안
(겉)

0.3

① 가방의 겉쪽과 안쪽의
입구를 접고, 안끼리 닿도록
맞춰서 꿰맨다.

1 접기

가방의 겉
(안)

가방의 안
(겉)

가방의 겉
(겉)

완성

12

② 가죽손잡이를
꿰매 달아준다.

21

6

14

18

design & make

> Needlework Tansy _ 아오야마 케이코
http://www.needlework-tansy.com

> 아카미네 사야카
http://www.akamine-sayaka.com

> 후쿠노카타치 디자인 _ 오카다 케이코
https://fukunokatatidesign.com

> 퀼트래빗 _ 시바 나오코

> sewsew _ 신구 마리
https://blog.goo.ne.jp/sewsew1

> 스가하라 준코
https://junsquilt.exblog.jp

> komihinata _ 스기노 미오코
https://blog.goo.ne.jp/komihinata

"ICHIBAN YOKU WAKARU BAG NO KISO" (NV70533)
Copyright © NIHON VOGUE-SHA 2019
All rights reserved.
First published in Japan in 2019 by NIHON VOGUE Corp.
Photographer: Yukari Shirai, Nobuhiko Honma

This Korean edition is published by arrangement with NIHON VOGUE Corp., Tokyo
in care of Tuttle-Mori Agency, Inc., Tokyo through Amo Agency, Seoul.

기초의기초 2

맨처음 가방

© 보그사, 2022

1판 1쇄 펴낸날 2022년 2월 15일
지은이 보그사 **옮긴이** 브론테살롱 **펴낸이** 이은영 **디자인** Design ET
펴낸곳 도트북 **등록** 2020년 7월 9일(제25100-2020-000043호)
주소 서울시 노원구 동일로 242길 88 상가 2F **전화** 02) 933-8050
전자우편 reddot2019@naver.com **블로그** blog.naver.com/reddot2019
ISBN 979-11-971956-8-6 13590